Gonzalo Hernández Ibarra
Manuel De Jesús Azpilcueta Ruiz-Esparza
José Luis Rios Flores

Productividad del agua en el sector lácteo al Sur de Coahuila, México

Gonzalo Hernández Ibarra
Manuel De Jesús Azpilcueta Ruiz-Esparza
José Luis Rios Flores

Productividad del agua en el sector lácteo al Sur de Coahuila, México

Editorial Académica Española

Imprint
Any brand names and product names mentioned in this book are subject to trademark, brand or patent protection and are trademarks or registered trademarks of their respective holders. The use of brand names, product names, common names, trade names, product descriptions etc. even without a particular marking in this work is in no way to be construed to mean that such names may be regarded as unrestricted in respect of trademark and brand protection legislation and could thus be used by anyone.

Cover image: www.ingimage.com

Publisher:
Editorial Académica Española
is a trademark of
Dodo Books Indian Ocean Ltd. and OmniScriptum S.R.L publishing group

120 High Road, East Finchley, London, N2 9ED, United Kingdom
Str. Armeneasca 28/1, office 1, Chisinau MD-2012, Republic of Moldova, Europe
Printed at: see last page
ISBN: 978-613-9-44132-7

Copyright © Gonzalo Hernández Ibarra, Manuel De Jesús Azpilcueta Ruiz-Esparza, José Luis Rios Flores
Copyright © 2024 Dodo Books Indian Ocean Ltd. and OmniScriptum S.R.L publishing group

PRODUCTIVIDAD DEL AGUA EN EL SECTOR LÁCTEO AL SUR DE COAHUILA, MÉXICO

GONZALO HERNÁNDEZ IBARRA

MANUEL DE JESÚS AZPILCUETA RUIZ-ESPARZA

JOSÉ LUIS RIOS FLORES

Contenido

Indice de cuadros

Indice de figuras

RESUMEN

El objetivo fue determinar la productividad (P) y eficiencia (E) del agua (A) usada en la producción de leche bovina, tanto en términos físicos (F), como económicos (E) y sociales (S) en el Distrito de Desarrollo Rural (DDR) Laguna-Coahuila, México en vientres de bajo (VBR) y alto rendimiento (VAR) de leche, mediante metodología económica basada en el uso de ecuaciones matemáticas alimentadas con datos a escala comercial. Los resultados, para ambos tipos de vientres productores, en el mismo orden señalado, arrojaron los siguientes índices: de PFA 0.385 y 0.6864 litros de leche por m^3 de agua, en la PEA se tuvieron USD 12,731 y USD 22,698 de ganancia por hm^3 de agua, en la PSA fue el mismo índice en ambos vientres 1.059 Empleos por hm^3, sus inversos, los índices de eficiencia del agua usada en la producción, fueron los siguientes: 2,600 y 1,459 litros de agua por litro de leche en la EFA, mientras que en la EEA se tuvieron 78.55 y 44.06 m^3 por cada USD de ganancia, y en la PSA fue el mismo indicador 944,273 m^3 por cada empleo generado. La EFA determinada es coherente con los 1,076.4 litros de agua por litro de leche y los 1,325.6 litros de agua por litro de leche reportados como promedio mundial y promedio nacional para China por Mekonnen y Hoekstra (2010).

Palabras clave: •huella hídrica• agua• agua virtual• sustentabilidad• leche

SUMMARY

The objective was to determine the productivity (P) and efficiency (E) of the water (A) used in the production of bovine milk, both in physical (F), economic (E) and social (S) terms in the Development District. Rural (DDR) Laguna-Coahuila, Mexico in bellies of low (VBR) and high yield (VAR) of milk, through economic methodology based on the use of mathematical equations fed with data on a commercial scale. The results, for both types of producing bellies, in the same order indicated, yielded the following indices: of PFA 0.385 and 0.6864 liters of milk per m^3 of water, in the PEA there were USD 12,731 and USD 22,698 of profit per hm^3 of water , in the PSA it was the same index in both bellies 1,059 Jobs per hm^3, its inverses, the efficiency indices of the water used in production, were the following: 2,600 and 1,459 liters of water per liter of milk in the EFA, while in the EEA there were 78.55 and 44.06 m^3 for each USD of profit, and in the PSA the same indicator was 944,273 m^3 for each job generated. The determined EFA is consistent with the 1,076.4 liters of water per liter of milk and the 1,325.6 liters of water per liter of milk reported as world average and national average for China by Mekonnen and Hoekstra (2010).

Keywords: •water footprint• water• virtual water• sustainability• milk

I. INTRODUCCIÓN

El crecimiento acelerado de la población en el mundo implica necesariamente gozar de disponibilidad de alimentos para alimentarle, por lo que es fácil deducir que en el mediano y largo plazo, habrá de existir una enorme presión sobre los recursos naturales, de entre ellos el agua, para así estar en posibilidad de producir el alimento que la población demande en el futuro, por tanto, en el futuro crecerá notoriamente la dependencia humana sobre el muy escaso recurso hídrico, lo cual, de acuerdo con Alcamo *et al.*, 2003)[1], será la causa de serios problemas al respecto de la seguridad alimentaria, pero sobre todo, de la sustentabilidad del medio ambiente.

Precisamente el problema anterior, a dado pauta para que se creen nuevas categorías de análisis como la huella hídrica, presentada a la comunidad científica en 2003 por Hoekstra (2003)[2], Mekonnen y Hoekstra (2010)[3] y Chapagain y Hoekstra (2013)[4], ya que estos nuevos conceptos de análisis de los recursos escasos, en este caso el agua dulce disponible, fueron creados para entender y comprender mejor la relación entre los recursos hídricos y las actividades productivas.

La huella hídrica es un instrumento que permite determinar la cantidad de agua utilizada en la producción de un bien o servicio, es, por tanto, de acuerdo a la ciencia económica, un indicador de eficiencia, en tanto está

[1] **Alcamo J, Döll P, Henrichs T, Kaspar F, Lehner B, Rösch T, Siebert S. 2003.** Development and testing of the WaterGAP 2 global model of water use and availability. Hydrological Sciences Journal 48 (3):317-337.
[2] **Hoekstra AY .2003**. Virtual Water Trade: Proceedings of the International Expert Meeting on Virtual Water Trade. Delft. The Netherlands. 12 and 13 December 2002. Value of Water Research Report Series No. 12 UNESCO-IHE. Delft. The Netherlands. www.waterfootprint.org/Reports/Report12.pdf.
[3] **Mekonnen MM, Hoekstra AY. 2010.** The green, blue and grey water footprint of farm animals and animal products. 2010. Value of Water Research Report Series No. 48 2010, UNESCO-IHE, Delft, the Netherlands.
[4] **Chapagain AK y Hoekstra AY. 2013.** Virtual Water Flows between Nations in Relation to Trade in Livestock and Livestock Products. Value of Water Research Report Series no. 13. UNESCO-IHE. Delft. The Netherlands.

midiendo cuanto es necesario usar del escaso recurso agua por cada kilogramo producido de determinado alimento.

Por todo lo anterior, al demandarse más alimentos de origen tanto vegetal como animal por parte de la población, se generará mayor presión sobre el uso del muy escaso recurso agua dulce del planeta. El tamaño y las características de la HH varían en los tipos animales y sistemas de producción (Mekonnen y Hoekstra, 2010 *Op. Cit.*), es decir, la huella hídrica "HH" (como índice de eficiencia física del agua usada en la producción) no es una cifra dada de una vez y para siempre, la HH varía de región a región, varía en cada de sistema de producción aunque se trate del mismo bien, aunque, claro está, tenderá a cierto número alrededor de un promedio, por ejemplo, cuando se dice que la HH de la leche es de 1020 m^3 de agua por tonelada de leche de acuerdo con estos dos autores, no logra visualizarse que si ese promedio se desglosa por país asumirá otra cifra, o si se desglosa por sistema de pastoreo-campesino o producción de leche a nivel industrial-empresarial, asumirá, en definitiva, una cifras muy diferentes al promedio mundial.

De acuerdo con SCOPE (2010)[5]., la producción ganadera en general, es decir, la producción de carne, leche, huevo, lana, contribuirá en mucho a la generación de problemas ambientales en todos los niveles: regional, nacional y mundia, incluyendo degradación del suelo, cambio climático, contaminación del aire, escasez y contaminación del agua, y pérdidas de biodiversidad.

La HH en la producción del alimento para el ganado, bajo la forma de forrajes, está muy relacionado con el concepto de la *productividad física del*

---

[5] **Scientific Comittee on Problems of the Environment (SCOPE).2010.** Livestock in a Changing Landscape: Drivers, Consequences, and Responses. Volume 1. [Steinfeld H, Mooney HA, Schneider F and Neville LE. (Eds.)]. Published by Island Press 2010.

agua propuesto en 2003 por los autores Kijne, Barker y Molden[6], entendiéndose como una medida sólida para determinar la capacidad de los sistemas agrícolas de convertir el agua en alimento.

Con base en Hoekstra (2012)[7, 8], producir un litro de leche implica gastar en la producción 1,021 m^3 por tonelada de leche en promedio a nivel mundial (sumando las tres HH: azul, verde y gris de los tres sistemas productores de leche por él considerados pastoreo, industrial y mezcla de pastoreo e industrial), pero ese promedio es de 1,207m^3 ton^{-1} al considerar solamente al sistema industrial productor de leche y de 1,192 m^3 ton^{-1} si se trata del sistema de pastoreo productor de leche.

Por otra parte, contrario a lo que el sentido común pudiera sugerir, acerca de que el agua es un recurso casi infinito, dado que incluso al planeta tierra se lo denomina planeta azul, pro el color que el agua de los mares y océanos le da al planeta cuando se lo observa desde el espacio, es en realidad un recurso sumamente escaso, ya que, el agua dulce a la que puede disponer el ser humano es apenas el 0.0075% del total del agua existente en el mundo, por tanto, al ser el agua un recurso utilizado en la producción, además de que el agua puede ser utilizada en diversas actividades como la agricultura, la ganadería, la producción industrial y el consumo urbano doméstico, debe por tanto, ser utilizada el agua, de la manera más eficiente y productiva, si es que el objetivo es garantizar su existencia para el consumo humano en el largo plazo.

---

[6] **Kijne JW, Barker R, Molden D. 2003**. Water productivity in agriculture: Limits and Opportunities for Improvement. CABI Publication 2003, Wallingford UK. 332p.

[7] **Hoekstra AY. 2012**. The hidden water resource use behind meat and dairy. Animal Frontiers 2(2):3-8.

[8] **Mekonnen MM, Hoekstra AY. 2010.** The green, blue and grey water footprint of farm animals and animal products. 2010. Value of Water Research Report Series No. 48 2010, UNESCO-IHE, Delft, the Netherlands.

Ahora bien, todo lo anterior pareciera sugerir que este trabajo es sobre la leche bovina, y no es así, ya que en este estudio se aborda el análisis de una categoría económica, la de la eficiencia, la cual consiste en usar la menor cantidad de un recurso usado en la producción por unidad de producto generado, o bien, si se lo ve como su inverso, es decir, como un índice de productividad: hacer más de un bien usando lo menos posible de un recurso, mientras que la producción de leche bovina no es más que el objeto sobre el cual recae el accionar de la ciencia económica, es decir, la producción de leche en el DDR Laguna-Coahuila no es más que la materia prima sobre la cual se estudiará cuan eficiente y productivamente se usa el escaso recurso agua.

II. PROBLEMA A TRATAR, OBJETIVOS PARTICULARES E HIPÓTESIS

2.1 Problema a tratar, objetivo particular

Este estudio trata sobre el tema económico del uso de recursos escasos, específicamente el muy escaso recurso agua, mediante la determinación de índices de productividad y la eficiencia con que se usa el agua en la producción en el ámbito específico de la producción de leche bovina en el sistema especializado de la porción de la Comarca Lagunera, al sur del estado de Coahuila, México, por lo que, no es sobre la producción lácteo bovina el área de estudio de este trabajo, la producción de leche bovina deviene en solamente la materia prima sobre la cual recae el accionar de la economía zootécnica, mediante la aplicación de conceptos, definiciones y metodología matemático-económica. Por lo que el ***problema a tratar*** dentro del cual se ubica este trabajo, es, el relativo a la escasez del agua y de cuan productiva y eficientemente se la usa en la producción lácteo bovina. El ***objetivo particular*** de este estudio fue el determinar índices numéricos de *productividad* y *eficiencia* del agua utilizada en la producción de leche bovina del sistema especializado, acotado al ámbito geográfico de los cinco municipios al sur de Coahuila, pertenecientes a la Comarca Lagunera, cuenca ésta, que abarca también, la parte norte del estado de Durango, en México.

2.2 Hipótesis

Primera hipótesis: El agua usada en la producción de leche bovina en el sistema especializado en bovinos de alto rendimiento en el Distrito de Desarrollo Rural (DDR) Laguna-Coahuila, México, tendrá una **mayor *productividad y eficiencia física*** (medida la productividad física del agua –

PFA- y la eficiencia física del agua –EFA- usada en la producción, bajo las unidades de litros de leche por m^3 de agua y litros de agua por litro de leche producido, abreviados como L m^{-3} y m^3 L^{-1} respectivamente) que la PFA y EFA de los bovinos de bajo rendimiento del DDR Laguna-Coahuila.

Segunda hipótesis: El agua usada en la producción de leche bovina en el sistema especializado en bovinos de alto rendimiento en el Distrito de Desarrollo Rural (DDR) Laguna-Coahuila, México, tendrá una **mayor *productividad y eficiencia económica*** (medida la productividad económica del agua –PEA- y la eficiencia económica del agua –EEA- usada en la producción, bajo las unidades de USD de ganancia por hm^3 de agua, es decir USD hm^{-3}, y m^3 de agua usados en la producción por cada dólar norteamericano de ganancia, es decir, m^3 USD^{-1} respectivamente) que la PEA y EEA de los bovinos de bajo rendimiento del DDR Laguna-Coahuila.

Tercera hipótesis: El agua usada en la producción de leche bovina en el sistema especializado en bovinos de alto rendimiento en el Distrito de Desarrollo Rural (DDR) Laguna-Coahuila, México, tendrá una **mayor *productividad y eficiencia social*** (medida la productividad social del agua –PSA- y la eficiencia social del agua –ESA- usada en la producción, bajo las unidades de Empleos generados por cada hm^3 de agua , es decir Empleos hm^{-3}, y m^3 de agua usados en la producción por cada empleo generado, es decir, m^3 $Empleo^{-1}$ respectivamente) que la PSA y ESA de los bovinos de bajo rendimiento del DDR Laguna-Coahuila.

III. REVISIÓN DE LITERATURA

3.1 Producción de leche en el mundo y en México

De acuerdo con la FAO, en tanto la tendencia a lo largo del tiempo en la producción de leche es notoriamente creciente, este sector económico cobra por tanto una mayor relevancia, por su impacto tanto económico como social, sobre todo en los países en desarrollo (FAO-FEPALE, 2012)[9]. Puede así observarse en la figura 1, que en todos los países se ha incrementado notoriamente la producción de leche, con tasas de crecimiento arriba de la tasa demográfica, salvo Ucrania y Australia con ligeros retrocesos en su producción, correspondiendo a China, cuarto país productor, después de La Unión Europea, E.U.A. y la India, tener en el lapso 2002-2010 las más altas tasas de crecimiento, superiores al 10% anual, a grado tal que duplicó su producción en el período.

Ya en el año 2021, del cuadro 1, basado en cifras de la empresa española manejadora de bases de datos; Statista[10], puede observarse que la producción conjunta de los principales quince países productores de leche en el mundo ascendió a 541.6 Millones de toneladas métricas (Mtm) y que el consumo mundial de leche fresca fue de 189,590 miles de toneladas métricas (mtm) de leche fresca, asimismo, que sigue siendo La Unión Europea el principal productor de leche, con 145.7 Mtm, volumen con el que produce cerca de la tercera parte (26.9%) de la leche producida por los quince países productores,

---

[9] **FAO-FEPALE. 2012**. Situación de la Lechería en América Latina y el Caribe en 2011. Observatorio de la Cadena Lechera. Oficina Regional de la FAO para América Latina y el Caribe, División de Producción y Sanidad Animal. Santiago de Chile 2012.

[10] **Statista. 2022.** Disponible en:
https://es.statista.com/estadisticas/600241/principales-productores-de-leche-de-vaca-en-el-mundo-en/

sus cifras de consumo de leche, 23,900 mtm de leche lo ubican como el segundo consumidor de leche en el mundo, correspondiendo a la India ser el principal consumidor con 83,000 mtm pro es el tercer productor con 96 Mtm.

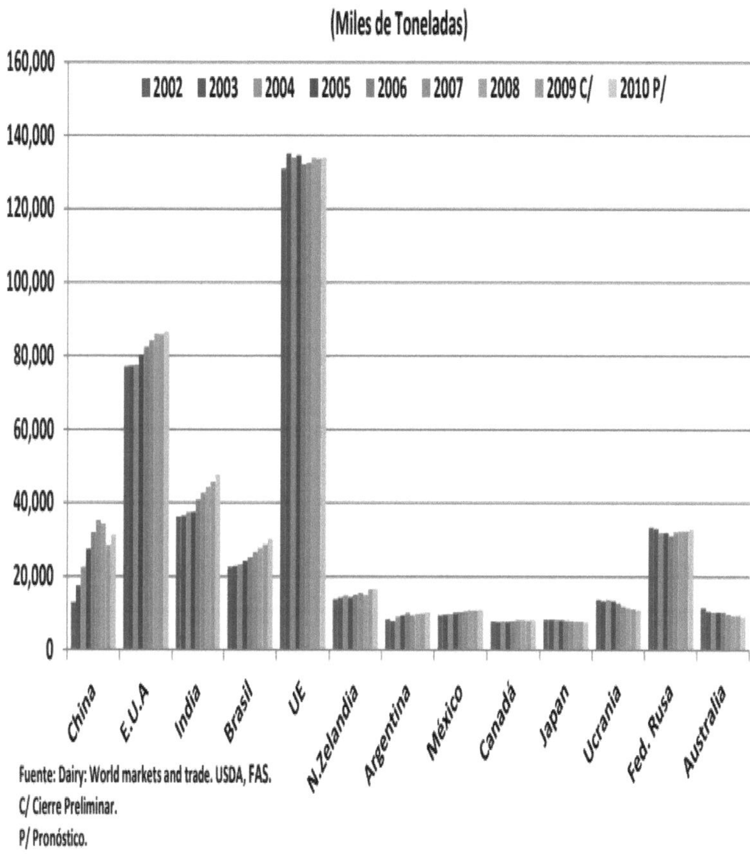

Figura 1: Producción de leche en el mundo en los principales países productores entre 2002 y 2010[11]

[11] Panorama mundial de productos lácteos, 2023. Disponible en: https://www.marketresearchfuture.com/reports/dairy-market-11483?utm_term=&utm_campaign=&utm_source=adwords&utm_medium=ppc&hsa_acc=2893753364&hsa_cam=19912237177&hsa_grp=148712481999&hsa_ad=659589502539&hsa_src=g&hsa_tgt=dsa-2080758263880&hsa_kw=&hsa_mt=&hsa_net=adwords&hsa_ver=3&gad_source=1

Por su parte, los E.U.A. ocuparon el segundo y el tercer lugar en producción y consumo, con 102.6 Mtm y 21,000 mtm, y ya en el caso de México, el cuadro 1 señala que es el noveno en el ranking mundial tanto en la producción como en el consumo de leche, con 12.85 Mtm producidas en 2021 y 4,149 mtm consumidas, de Latinoamérica, solamente Brasil está mejor posicionado en el ranking mundial de producción y consumo, con 24.85 Mtm producidas ocupa el sexto lugar mundial en la producción mundial de leche, mientras que su consumo, 11,120 mtm lo posicionan como el quinto consumidor de leche fluida.

En el ranking mundial de producción y consumo de leche señalados en el cuadro 1, aparecen solamente tres países latinoamericanos, Brasil, México y Argentina, país este último al que corresponde ser el décimo país productor de leche con 11.9 Mtm pero ocupa el lugar trece entre los principales consumidores, con 1,710 mtm. Entre los tres principales países productores y consumidores de leche en el mundo: La Unión Europea, Estados Unidos y la India, concentran el 63.6% y el 67.5% de la producción y consumo de leche a nivel mundial. Respectivamente.

De acuerdo con cifras del SIAP (2016), la producción de leche en México se desarrolla en casi todos los estados del país, caracterizándose por su gran heterogeneidad tanto productiva como económica que de cierta forma refleja la amplia distribución productiva en las regiones, encontrándose en una misma zona sistemas que cuentan con un desarrollo tecnológico avanzado, caracterizado por un desarrollo genético, biotecnológico, manejos computarizados de sistemas de producción y un amplio desarrollo de mercados, en coexistencia con numerosas unidades de producción familiar, que se caracterizan por un desarrollo tecnológico desigual y con poco desarrollo de mercado (ASERCA, 2010)[12].

Cuadro 1: Principales quince países productores y consumidores de leche en el mundo en 2021

Ranking	Producción (Millones de toneladas métricas)		Ranking	Producción (Miles de toneladas)		% de la producción respecto del total	% del consumo respecto del total
1	Unión Europea	146	1	India	83,000	26.9%	43.8%
2	Estados Unidos	103	2	Unión Europea	23,900	18.9%	12.6%
3	India	96	3	Estados Unidos	21,000	17.7%	11.1%
4	China	35	4	China	14,501	6.4%	7.6%
5	Rusia	32	5	Brasil	11,120	5.9%	5.9%
6	Brasil	25	6	Rusia	6,990	4.6%	3.7%
7	Nueva Zelanda	22	7	Reino Unido	6,280	4.1%	3.3%
8	Reino Undo	16	8	Ucrania	4,960	2.9%	2.6%
9	México	13	9	México	4,149	2.4%	2.2%
10	Argentina	12	10	Japón	4,050	2.2%	2.1%
11	Canadá	10	11	Canadá	2,835	1.9%	1.5%
12	Australia	9	12	Australia	2,470	1.7%	1.3%
13	Ucrania	8.8	13	Argentina	1,710	1.6%	0.9%
14	Bielorrusia	7.8	14	Corea Del Sur	1,540	1.4%	0.8%
15	Japón	7.5	15	Bielorrusia	1,085	1.4%	0.6%
Total de los principales 15 países		542			189,590	100.0%	100.0%

Fuente: Elaboración propia, con cifras de Statista. Disponible en: https://es.statista.com/estadisticas/600241/principales-productores-de-leche-de-vaca-en-el-mundo-en/. Nota suplementaria: el punto separa cifras decimales y la coma separa millares

[12] **ASERCA. 2010**. Situación actual y perspectiva de la producción de Leche de bovino en México 2010. Claridades Agropecuarias. 207: 34-43. Disponible en http://www.infoaserca.gob.mx/claridades/revistas/207/ca207-34.pdf

3.1 Sistemas productores de leche en México

En producción de leche, la estructura del estrato de productores con menos de 10 bovinos se concentra el 56% de las fincas de doble propósito y el 77% de las familiares, que a su vez controlan el 18% y casi el 28% del ganado respectivamente. En tanto que los ganaderos con más de 100 cabezas concentran el 2.7% de las unidades de dobles propósito y el 1.1% de los especializados, poseen el 27% y el 25% del ganado de manera respectiva. Lo anterior refleja una estructura de la lechería mexicana bimodal lo cual conlleva niveles de producción y productividad muy diferentes y, también un impacto diferenciado de las políticas lecheras.

Barrera y Sánchez (2003)[13], fuente del cuadro 2, resumen en forma sintética y esquemática, las características de los cuatro sistemas productores de leche en México utilizados por el Sistema de Información Agropecuaria y Pesquera (SIAP), organismo federal dependiente de la Secretaría de Agricultura y Desarrollo Rural (SADER) en el registro del sector productor de leche en México, esos sistemas son:

Sistema Familiar, Sistema Doble Propósito, Sistema Semi-Especializado y Sistema Especializado

[13] **Barrera, C., G. y Sánchez B., C. 2003**. Caracterización de la cadena agroalimentaria nacional e identificación de sus demandas tecnológicas: Leche. Programa Nacional Estratégico de Necesidades de Investigación y de Transferencia de Tecnología. Reporte Final. Guadalajara, Jalisco. Septiembre del 2003. Última consulta: 8 de enero, 2023. Disponible en: . https://scholar.google.com/scholar_lookup?title=+Caracterizaci%C3%B3n+de+la+cadena+agroalimentaria+nacional+e+identificaci%C3%B3n+de+sus+demandas+tecnol%C3%B3gicas.+Leche&author=Barrera+Camacho+G&author=S%C3%A1nchez+Brito+C&publication_year=2003&issue=III

Cuadro 2. Características de los sistemas de producción de leche bovina en México utilizados por SIAP (Sistema de Información Agropecuaria y Pesquera) modificado en base a los rendimientos físicos por vaca y la proporción de vacas por trabajador reportados por otros autores señalados en la parte inferior[14]

Sistema	Características
Especializado	Ganado especializado en la producción de leche; Razas Holstein. Pardo Suiza Americano y Jersey. Tecnología altamente especializada en la producción, alimentación, en construcciones, en manejo, en administración, en enfriamiento y conservación del producto. Se desarrolla en los estados de Durango, Coahuila, Jalisco, Aguascalientes, Chihuahua, México, San Luis Potosí, Querétaro y Baja California. Los rendimientos físicos por vaca son los más elevados de los cuatro sistemas productores de leche. La proporción de vacas por trabajador es de 100 o más vacas
Semi-Especializado	Ganado raza Holstein y Pardo Suizo, sin llegar a niveles de producción del sistema especializado. El ganado se maneja en pequeñas extensiones de terreno. El ordeño se hace manualmente. La mayoría carece de equipo propio para el enfriamiento y conservación del producto. La alimentación del ganado es el pastoreo y forrajes. Se desarrolla en Baja California Sur, Colima, Chihuahua, Distrito Federal, Hidalgo, Jalisco, México, Morelos, Puebla, Sinaloa, Sonora Tlaxcala y Zacatecas. El Rendimiento físico por vaca es inferior al del Sistema Especializado pero superior al del Sistema Familiar o de traspatio, se estima que hay una proporción que ronda las 60 vacas por trabajador.
Familiar o de traspatio	Explotación de ganado en pequeñas superficies de terreno. Animales de raza Holstein, Suizo Americano y cruzas de menor calidad. Nivel de tecnología bajo. Instalaciones rudimentarias, predominando ordeña manual. Alimentación en pastoreo. La producción es para autoconsumo y en ocasiones para venta al público. Predomina en Jalisco, estado de México, Michoacán, Hidalgo y Sonora, en menor grado en Aguascalientes, Baja California, Coahuila. Chihuahua, Distrito Federal, Durango y Nuevo León. Los rendimientos físicos por vaca son inferiores a los del Sistema Especializado. Existe una proporción poco mayor poco-menor a las 15 vacas por trabajador.
Doble Propósito	Este sistema se desarrolla en regiones tropicales del país, con razas Cebuinas y cruzas con pardo Suizo, Holstein y Simmental. El ganado produce leche o carne

[14] Fuente: **Barrera y Sánchez (2003 *Op. Cit*)** citados por **Rios, Armendáriz y Balderrama (2021)**. Impronta idrica física ed económica del latte bovino. Il caso del latte prodotto nei sistema contadino e aziendale di Sonora, Messico. EDIZIONI SAPIENZA. ISBN 978620332301-6. Berlín, Alemania. Estos últimos autores anexaron la proporción existente entre vacas por trabajador en cada sistema de producción

dependiendo de la demanda del mercado, su alimentación se basa en el pastoreo. Cuenta con instalaciones adaptadas, empleando materiales de construcción de la región. Ordeña manual. Se ubica principalmente en Chiapas, Veracruz, Jalisco, Guerrero, Guanajuato, Tabasco, Zacatecas, Nayarit, San Luis Potosí y Tamaulipas, aunque también se observa en otros estados. El rendimiento físico en producción de leche es de los más bajos, al haber una alta proporción de razas cebuinas, el rendimiento físico es inferior al del sistema Familiar, se estima una proporción de 25 vacas por trabajador.

Las características relevantes de cada uno de ellos son descritas en el cuadro 2, de manera tal que puede fácilmente visualizarse que los Sistemas Familiar y Especializado constituyen los dos extremos del sector productor de leche, es decir, que el sistema familiar caracteriza a los productores más pobres, mientras que el especializado describe a los productores más grandes, de naturaleza empresarial.

Entre otras características a destacar del cuadro 2, está el uso de la tecnología, la asistencia médico-veterinaria, el tipo de dietas, y sobre todo, las notorias diferencias en la cantidad de trabajo que cada sistema genera, así por ejemplo, en el extremo donde más trabajo se genera es en el Sistema Familiar, ya que ahí existe una proporción de 15 vacas por trabajador (es decir, cada vaca genera empleo para 0.0666 trabajadores), mientras que en el Sistema especializado la proporción de trabajadores por vaca es sumamente baja, pues cada trabajador atiende 100 o más vacas, o lo que es lo mismo, cada vaca genera 0.01 empleos, asimismo, es de observarse que el Sistema de Doble Propósito con 25 vacas por trabajador, tiende a asemejarse al Sistema Familiar, mientras que el Sistema Semi-especializado con 60 vacas por trabajador tiende a semejarse al Sistema Especializado

Lo anterior es precisamente de lo que partieron Rios, Armendáriz y Balderrama (2021, *Op. Ct.*) para agrupar los cuatro sistemas productores de leche utilizados por el SIAP-SADER en solamente dos sistemas productores de leche: El Sistema Campesino (compuesto por el Sistema Familiar y de

Doble Propósito) y el Sistema Industrial-Empresarial y que aparece señalado en el cuadro 3, los cuales son tipificados por la CEPAL (1988)[15] como los sistemas campesino y empresarial y aparecen sus características en el cuadro3.

En el caso de La Comarca Lagunera, región compuesta por quince estados, cinco de los cuales están en el estado de Coahuila y diez pertenecen al estado de Durango, se encuentran presentes los cuatro sistemas productores de leche, aunque predomina el Especializado, en tanto es quien más aporta a la producción ya que de acuerdo con ASERCA [16](2010) "el 1.1% de los especializados poseen el 27% del ganado ...mientras que el estrato de productores con menos de 10 bovinos se concentra el 56% de las fincas ...que a su vez controlan el 18% del ganado respectivamente. Lo anterior refleja una estructura de la lechería mexicana bimodal lo cual conlleva niveles de producción y productividad muy diferentes y, también un impacto diferenciado de las políticas lecheras". De acuerdo con Villareal, Aguilar y Luévano (1998)[17] son 16406 personas empleadas de manera directa, ya que "...es necesario, en condiciones óptimas un empleado por cada 15 o 20 vacas en producción, además de necesitar 2 pastureros y un relevo por cada 100 vacas. Esto representaría 16,406 empleos directos sin incluir que el ganado lechero constituye la demanda principal de forrajes, siendo la alfalfa la de mayor área en la región, utilizando un promedio de 16.66 jornales por hectárea, generando aproximadamente 3,500 empleos por año.

---

[15] **CEPAL (Comisión Económica para la América Latina). 1986.** Economía campesina y agricultura empresarial. (Tipología de productores del agro mexicano) Tercera edición. Siglo XXI Editores SA de CV, México.

[16] ASERCA. 2010. *Op. Ct.*

[17] **Villareal G., J. R, Aguilar V., A, Luévano G., A. 1998**. El impacto socioeconómico de la ganadería lechera en la Región Lagunera. Revista Mexicana de Agronegocios. Julio- Diciembre Vol. 3. Sociedad Mexicana de Administración Agropecuaria A. C- Universidad Autónoma Agraria "Antonio Narro" Unidad Laguna. Torreón Coahuila México.

Cuadro 3: Tipología entre la agricultura campesina y la agricultura empresarial

	Agricultura campesina	Agricultura empresarial
Objetivo de la producción	Reproducción de los productores y de la unidad de producción	Maximización de la tasas de ganancia y la acumulación de capital
Origen de la fuerza de trabajo	Fundamentalmente familiar, y en ocasiones, intercambio recíproco con otras unidades;	Asalariada
Compromiso laboral del jefe con la mano de obra	Absoluto	Inexistente, salvo por obligación legal
Tecnología	Alta intensidad de mano de obra, baja densidad de "capital" y de insumos comprados por jornada de trabajo	Mayor densidad de capital por activo y mayor proporción de insumos comprados en el valor del producto final
Destino del producto y origen de los insumos	Parcialmente mercantil	Mercantil
Criterio de intensificación del trabajo	Máximo producto total, aún a costa del descenso del producto medio. Límite: producto marginal cero	Productividad marginal ≥ que el salario
Riesgo e incertidumbre	Evasión no probabilística "algoritmo de sobrevivencia"	Internalización probabilística buscando tasas de ganancia proporcionales al riesgo
Carácter de la fuerza de trabajo	Valoriza fuerza de trabajo intransferible o marginal	Sólo emplea fuerza transferible en función de calificación
Componentes del ingreso o producto	Producto o ingreso familiar indivisible y realizado parcialmente en especie	Salario, renta y ganancias, exclusivamente pecunarias

Fuente: CEPAL, 1981. Economía campesina y agricultura empresarial. Tipología de productores del agro mexicano. Disponible en: https://repositorio.cepal.org/server/api/core/bitstreams/cc6047a3-ca8e-4726-9de4-161ad538cb3e/content

3.3 La producción de leche en la Comarca Lagunera

La Comarca Lagunera, o también llamada simplemente como La Laguna, es una región geográfica formada por quince municipios, diez de los cuales pertenecen al estado de Durango y los restantes cinco pertenecen al estado de Coahuila. Es la principal cuenca lechera del país, con un volumen anual en 2020 de 2,670,917 toneladas de leche, aportó el 21.0% de las 12,717,448 toneladas de leche producidas en México, el estado de Jalisco aportó el 20.7% de la producción nacional de leche, y la tercera cuenca lechera, es la de Chihuahua, que contribuyó con el 9.4%, de acuerdo con el cuadro 4, las tres cuencas lecheras produjeron en 2020 más de la mitad, 51.1%, de la leche producida en México.

La Laguna produjo el 6.5% del volumen nacional de carnes de bovino, porcino, ovino, caprino y ave. El cuadro 4 muestra el desglose de cada uno de los porcentajes que La Laguna aportó al total nacional de esas carnes: 5% de la carne bovina, 0.3% de la carne porcina, 0.3% de la carne ovina, 5.7% de la carne de cabra u 10.5% de la carne de ave. Jalisco es sin duda un gran contribuyente a la producción de carne en el país, pues de acuerdo con el cuadro 4, respecto del total de producción física de carnes a nivel nacional, Jalisco contribuyó el 11.7% de la carne bovina, 22.3% de la carne porcina, 7.3% de la carne de ovino, 5% de la carne caprina y 11.5% de la carne nacional de ave. La tercera cuenca lechera de México, la del estado de Chihuahua, de acuerdo con el cuadro 4, con un total de 1,196,834 ton de leche, aportó el 9.4% de la producción nacional, asimismo, respecto de la producción nacional de carnes, aportó 4.2% de la carne bovina, 0.5% de la carne de cerdo, 2.3% de la carne ovina, 1.6% de la carne de cabra y 0.1% de la carne de ave.

Cuadro 4: Avance acumulado de la producción pecuaria. Información al 31 de diciembre del 2020. toneladas

Locación	Leche (Miles de litros)			Carne en canal (toneladas)							Otros productos (toneladas)		
	Bovino	Caprino	Total	Bovino	Porcino	Ovino	Caprino	Ave3/	Guajolote	Total	Huevo para pla	Miel	Cera en gre
REGION LAGUNERA	2,613,295	57,622	2,670,917	103,467	5,187	192	2,280	374,981	-	486,106	107,585	208	
LAGUNA COAHUILA	1,425,632	33,359	1,458,991	28,117	4,323	61	1,720	99,107	-	133,328	42,161	137	
LAGUNA DURANGO	1,187,663	24,263	1,211,926	75,350	864	131	560	275,873	-	352,778	65,424	71	
DELEGACION COAHUILA	32,340	11,529	43,869	24,789	1,500	628	2,184	1,924	-	31,024	14,562	85	
DELEGACION DURANGO	103,546	559	104,105	33,535	3,395	303	400	587	-	38,219	2,752	401	
COAHUILA DELEGACION	32,340	11,529	43,869	24,789	1,500	628	2,184	1,924	-	31,024	14,562	85	
DURANGO DELEGACION	103,546	559	104,105	33,535	3,395	303	400	587	-	38,219	2,752	401	
JALISCO	2,625,726	9,507	2,635,233	243,133	367,425	4,703	1,983	411,813	-	1,029,057	1,631,703	6,059	-
CHIHUAHUA	1,189,304	7,529	1,196,834	87,264	7,840	1,505	635	3,072	-	100,316	6,243	637	-
TOTAL NACIONAL	12,553,801	163,648	12,717,448	2,079,362	1,649,337	64,758	40,001	3,578,694	17,083	7,429,236	3,026,360	54,122	
% Región Lagunera	20.8%	35.2%	21.0%	5.0%	0.3%	0.3%	5.7%	10.5%	0.0%	6.5%	3.6%	0.4%	
% Jalisco	20.9%	5.8%	20.7%	11.7%	22.3%	7.3%	5.0%	11.5%	0.0%	13.9%	53.9%	11.2%	
% Chihuahua	9.5%	4.6%	9.4%	4.2%	0.5%	2.3%	1.6%	0.1%	0.0%	1.4%	0.2%	1.2%	
La Laguna+Jalisco+Chihuahua	51.2%	45.6%	51.1%	20.9%	23.1%	9.9%	12.2%	22.1%	0.0%	21.7%	57.7%	12.8%	

Fuente: Elaboración propia, con base en cifras del Servicio de Información Agroalimentaria y Pesquera (SIAP), con información de las Delegaciones de la SAGARPA. Disponible en: https://www.gob.mx/siap/acciones-y-programas/produccion-pecuaria

Para el año de 2021 se tuvo un inventario de 522,508 vientres en La Laguna, de acuerdo con el cuadro 5, del inventario aproximadamente la mitad fueron vientres en producción, el inventario de vientres se distribuyó de la siguiente manera: 241,642 en La Laguna de Coahuila y 280,866 en La Laguna de Durango.

Cuadro 5: Número de cabezas, producción y valor de la producción lechera bovina en La Laguna, México, 2021

Nivel de agregación	Inventario	producción (miles de litros)	VBP (miles de pesos mexicanos)	precio (MX$)/litro de leche
Laguna (Coahuila+Durango)	522,508	2,794,922.30	20,180,426.02	$ 7.22
Laguna-Coahuila	241,642	1,470,800.47	10,707,993.80	$ 7.28
Laguna-Durango	280,866	1,324,121.83	9,472,432.22	$ 7.15
Municipio de Gómez Palacio (en Laguna-Durango)		994,569.15	7,121,202.60	$ 7.16

Fuente: SIAP Datos Abiertos. Estadistica de la producción pecuaria 2021. Disponible en:http://infosiap.siap.gob.mx/gobmx/datosAbiertos_p.php

En 2021, de acuerdo con el cuadro 5, la producción de leche fue de 2,794,922.3 miles de litros de leche, misma que tuvo un valor en el mercado del orden de MX$ 20´180,426.02 miles, y los aportes de las dos regiones conformantes de La Laguna fueron los siguientes: La Laguna de Coahuila contribuyó con el 53% de la producción física así como del valor de la producción de leche, mientras que la porción de La Laguna en el estado de Durango aportó el 47% restante de la producción y del valor generados por la leche.

El notoriamente elevado hato ganadero productor de leche demanda para su alimentación alrededor del 3% de su peso vivo en materia seca de acuerdo con Vázquez, *et al.* (2010)[18], correspondiendo al forraje de alfalfa ser el principal alimento del hato, no obstante, señala el autor citado, que, "la producción de alfalfa de esta región enfrenta serios problemas de manejo de los recursos agua y suelo. El principal problema es la escasez de agua derivada de la sobreexplotación del acuífero para el riego de este cultivo y otros forrajes, así como la demanda de la lámina de riego anual de este cultivo, la cual varía entre 2.4 – 2.7 m. A pesar de que la producción de leche se ha considerado como un foco importante de desarrollo económico, en el aspecto tecnológico de la producción de alfalfa se presentan graves atrasos, por ejemplo, a nivel nacional el 10% de la superficie total irrigada se encuentra equipada con riego presurizado".

Con base en cifras de FIRA (1997 b)[19], en La Comarca Lagunera existen prominentemente dos sistemas productores de leche: el intensivo (Sistema Especializado) y el tradicional (Sistema Familiar), y en el caso del Sistema Familiar, como se observa en el cuadro 2, tiene la característica de tener un

---

[18] **Vázquez-Vázquez, C., García-Hernández, J. L., Salazar-Sosa, E., Murillo-Amador, B., Orona-Castillo, I., Zúñiga-Tarango, R., ... & Preciado-Rangel, P. (2010)**. Rendimiento y valor nutritivo de forraje de alfalfa (Medicago sativa L.) con diferentes dosis de estiércol bovino. *Revista mexicana de ciencias pecuarias*, *1*(4), 363-372.

[19] **FIRA- Banco de México 1997b**. Diagnóstico de la Ganadería de Leche. Subdirección Regional Norte. Residencia Estatal: Comarca Lagunera. Torreón Coahuila. México.

nivel tecnológico tradicional, con menos de 30 vientres en explotación, un sistema de ordeña manual o portátil, con instalaciones rusticas, emplean forrajes de regular calidad y tienen una capacidad empresarial baja. En cambio, la lechería especializada cuenta con un nivel tecnológico avanzado con más de 200 vientres en explotación, sistemas de ordeña mecanizados, instalaciones modernas, una organización vertical y horizontal así como una alta capacidad empresarial.

3.4 La productividad del agua en la producción pecuaria en algunas regiones del mundo y de México

En tanto la producción pecuaria como la carne, leche, huevo, lana, está por arriba de la producción de vegetales en la cadena trófica, se utiliza mucha más agua que en la producción de vegetales, además, en la producción ganadera, aparte del agua usada en la producción de las plantas forrajeras consumidas por el ganado.

Table 4. The green, blue and grey water footprint of selected animal products for selected countries (m^3/ton).

Animal products	Farming system	Australia			Brazil			China			India			Netherlands			Russia			USA			Global average		
		Green	Blue	Grey	Green	Blue	Grey	Green	Blue	Grey	Green	Blue	Grey	Green	Blue	Grey	Green	Blue	Grey	Green	Blue	Grey	Green	Blue	Grey
Beef	Grazing	18056	745	55	23729	150	16	16140	0	0	25913	0	0				15182	411	200	19102	525	590	21121	465	243
	Mixed	14455	623	61	20604	187	61	13227	339	103	16192	533	144	10319	761	664	11615	451	204	12726	546	768	14803	508	401
	Industrial	4730	304	96	8421	147	244	10922	933	1234	12412	1471	866	3934	349	225	23591	1002	871	2949	356	551	8849	683	712
	Weighted average	14507	613	62	19228	178	82	12795	495	398	15537	722	288	5684	484	345	16264	585	372	12933	525	733	14414	550	451
Sheep meat	Grazing	13236	438	9	19440	372	1	9606	0	0	11441	0	0				14236	351	3	11910	312	18	15870	421	20
	Mixed	6554	427	22	10649	421	9	5337	454	14	7528	582	316	8248	422	35	7176	379	7	9842	318	74	7784	484	67
	Industrial				4747	445	12	2366	451	22	4523	593	484				3044	469	9	0	0	0	4607	800	216
	Weighted average	10151	434	15	11772	421	7	5347	452	14	7416	582	314	8248	422	35	9284	395	5	10948	315	44	9813	522	76
Goat meat	Grazing	4809	245	0	15860	328	0	5073	0	0	8081	0	0				7086	219	0				9277	285	0
	Mixed	2435	233	0	8745	349	0	2765	283	0	4544	381	9	2443	453	4	3615	247	0				4691	313	4
	Industrial				3754	406	0	1187	437	0	2046	436	30				1546	322	1				2431	413	18
	Weighted average	3733	240	0	8144	372	0	2958	312	0	4194	393	13	2443	454	4	4432	266	0				5185	330	6
Pig meat	Grazing	4299	3721	247	5482	1689	318	11134	205	738	3732	391	325	4048	479	587	7176	357	282	5118	870	890	7660	431	632
	Mixed	2056	1909	118	5109	828	316	5401	356	542	4068	893	390	3653	306	451	7212	472	289	4953	743	916	5210	435	582
	Industrial	7908	651	656	8184	215	525	3477	538	925	9236	2014	1021	3776	236	427	5165	397	207	3404	563	634	4050	487	687
	Weighted average	5284	1226	414	6080	749	379	5050	405	648	5415	1191	554	3723	268	438	6937	429	276	4102	645	761	4907	459	622
Chicken meat	Grazing	4862	276	336	6363	35	364	4695	448	1414	11993	1536	1369	2535	113	271	8854	334	321	2836	294	497	7919	734	718
	Mixed	2893	173	200	4073	32	233	3005	297	905	7676	995	876	1509	76	161	5259	210	190	1688	183	296	4065	348	574
	Industrial	2968	176	205	3723	24	213	1940	195	584	3787	496	432	1548	77	165	2976	124	108	1731	187	303	2337	210	325
	Weighted average	2962	176	205	4204	30	240	2836	281	854	6726	873	768	1545	77	165	6036	235	219	1728	187	303	3545	313	467
Egg	Grazing	2243	146	173	432	24	25	3952	375	1189	10604	1360	1176	1695	76	161				1740	183	331	6781	418	446
	Mixed	1435	99	111	257	24	15	2351	230	708	6309	815	699	1085	51	103	4617	170	168	1113	121	212	3006	312	545
	Industrial	1570	107	121	3625	28	213	2086	206	628	3611	472	400	1187	55	113	4455	164	162	1218	132	232	2298	205	369
	Weighted average	1555	106	120	2737	27	161	2211	217	666	4888	635	542	1175	55	111	4511	166	164	1206	130	230	2592	244	429
Milk	Grazing	780	74	20	1046	22	7	1580	106	128	1185	105	34	572	50	32	0	0	0	1106	69	89	1087	56	49
	Mixed	700	64	35	1254	42	36	897	147	213	863	132	65	431	40	23	1143	60	39	582	59	88	790	90	76
	Industrial	517	48	43										500	43	25	1488	76	56	444	61	100	1027	98	82
	Weighted average	704	63	33	1149	33	22	927	145	210	885	130	63	462	41	25	1273	65	45	647	60	89	863	86	72

Cuadro 6: Huella hídrica azul, verde y gris de diversos productos pecuarios: indicador de cuánta agua se demanda para producir una unidad de producto[20]

[20] **Mekonnen, M.M. &Hoekstra A.Y. 2010**. The green, blue and green water footprint of animal products. UNESCO-IHE. Institute for Water Education. Research Report Series No. 48. Netherlands.

Existen otras dos formas particulares de consumo de agua, la que se bebe el ganado y la que se usa en los diferentes servicios como el lavado de pisos y ubres en el caso del ganado lechero, es por ello que en el proceso de producción de leche, carne, lana y huevo se utiliza gran cantidad de agua (Mekonnen y Hoekstra, 2011)[21]. El cuadro 6 muestra la huella hídrica de productos ganaderos diversos en diferentes países y sistemas de producción.

Así, el cuadro 6 muestra que a nivel de agregación general, para todo el planeta, la carne de res demanda un total de 15,415 m^3 por tonelada (la suma de la tres huellas hídricas verde, azul y gris), es decir, cada vez que se consume un kg de carne de res equivale a estar gastando 15,415 litros de agua, no obstante, como todo promedio hay cifras que están por arriba y por debajo de ese promedio, así, del cuadro 6 puede observarse que en el caso de Brasil se tiene un índice de 19,928 litros de agua por kg de carne, esto es, 28.3% arriba del promedio mundial, mientras que en el caso de Holanda, ese mismo kg de carne bovina implica una inversión de solamente 6,513 litros de agua, esto es, un 58% menos agua que el promedio mundial. Ahora bien, si se ve ahora desde la perspectiva del sistema productor en que se produjo la carne, pastoreo, industrial o una mezcla de ambos, se observa exactamente lo mismo: una enorme variación.

Semejante situación a lo señalado en el párrafo precedente sucede con todos y cada uno de los productos pecuarios señalados en el cuadro 6, la leche bovina no podría ser la excepción, ya que mientras que el promedio mundial de huella hídrica total (suma de las tres huellas hídricas, verde, azul y gris) es

[21] **Mekonnen, M. y Hoekstra, A. 2011**. The green, blue and grey water footprint of crops and derived crop products, Value of Water Research Report Series No. 47, UNESCO -IHE, Delft, the Netherlands. http://www.waterfootprint.org/Reports/Report47-WaterFootprintCrops-Vol1.pdfWaterFootprintCrops-Vol1.pdf

de 1,020 metros cúbicos de agua por tonelada de leche, en Rusia el promedio es de 1,383 m^3 ton^{-1}, es decir 36% arriba del promedio mundial, mientras que en Holanda, producir la misma tonelada de leche bovina implica una inversión de solamente 528 m^3 ton^{-1}, es decir apenas la mitad (52%) del promedio mundial, y si el análisis se hace no por tipo de color de la huella hídrica sino por sistema en la cual fue producida la leche, se observa que hay valores extremos muy variados.

La razón de lo anterior es que el indicador de la huella hídrica no es un valor inamovible, dado de una vez y para siempre, nada más alejado de la realidad, es, como su nombre lo sugiere, un indicador que, válgase la redundancia, indica cuánta agua se necesita para producir un bien bajo condiciones específicas de un sistema de producción específico, de una localidad geográfica específica, del específico grado tecnológico de la producción, y más aún: del tiempo.

Mekonnen y Hoekstra (2011)[22] estimaron que la producción animal mundial requería en promedio de 2,422 Gm^3 de agua al año (87,2% verde, 6,2% azul y 6,6% de aguas grises[23]). La mayor parte del volumen total del agua utilizada 98% se refiere a la huella hídrica del alimento y el 1.1% al agua de bebida. La cantidad de agua utilizada depende de los distintos sistemas de producción y manejo de los predios, zona edafo-climática, así como del tipo de suelo, existencia de cultivos sustitutos, entre otros.

---

[22] **Mekonnen, M. y Hoekstra, A. 2011**. Op cit.

[23] La clasificación de la huella hídrica en los colores azul, verde y gris, alude al origen de la fuente de agua usada en la producción, el color azul se refiere a la cantidad de agua utilizada en la producción de un bien cuando esa agua proviene del subsuelo, así como de ríos o lagunas, el color verde se refiere al agua almacenada en el suelo proveniente de la lluvia y el color gris se refiere al volumen de agua necesario para limpiar la contaminación dejada por la producción.

En el ámbito específico de la producción de leche bovina, debe remarcarse que la leche posee una densidad específica que depende del contenido de grasa existente en la leche, dejando en claro que el contenido de grasa depende de la raza, la alimentación, el manejo y muchas otras variables, no obstante, es válido considerar una densidad de 1.034 kg por litro de leche, por lo que, los indicadores de la huella hídrica de la leche bovina, ya señalado en los párrafos antecedentes asumen la forma de los indicadores señalados en el cuadro 7, medido en litros de agua por litro de leche para el caso de la productividad física del agua (PFA) y litros de agua usados en la producción por litro de leche producido en el caso de la eficiencia física del agua (EFA).

En dicha fuente, el cuadro 7, elaborado a partir de las cifras del cuadro 6 determinadas por Mekonnen y Hoekstra (2010 *Op. Cit.*) se han señalado solamente los índices de productividad y eficiencia de la leche en términos físicos (PFA y EFA) de los promedios mundial, de E.U.A., de Holanda y China, y se han complementado con cifras de productividad y eficiencia física, económica y social del agua usada en la producción lácteo bovina en tres locaciones de México.

Así, con base en lo anterior, la conversión de la leche considerando una densidad de 1.034 kg por litro de leche, asimismo, considerando la suma de las tres huellas hídricas: azul, verde y gris, el cuadro 7 muestra que producir un litro de leche a un nivel de agregación general, para todo el planeta, de acuerdo con Mekonnen y Hoekstra (2010 *Op. Cit*) demanda 1076.4 litros de agua[24], mientras que en los E.U.A. bastan 823.1 litros de agua por litro de

[24] De considerarse solamente los 1021 m^3 ton^{-1} señalados en el cuadro 6 para el promedio mundial de la huella hídrica azul en el sistema industrial productor de leche, el índice resultaría igual a 1021 m^3 por cada 967.1179884 litros de leche, es decir, se tendría un índice de 1.055.714 m^3 de agua por litro de leche, o lo que es lo mismo, 1055.714 litros de agua por cada litro de leche, cifra ésta que suele ser tomada usualmente como

leche, 546 en el caso de Holanda (país con la menos huella hídrica lácteo bovina) mientras que en China la leche tiene un índice de 1,325.6 litros de agua por litro de leche.

Cuadro 7: Productividad y eficiencia del agua usada en la producción de leche bovina

Producto	locación	Fuente	PFA (litros de leche por m^3)	PEA (USD hm^{-3})	PSA (Empleos hm^{-3})	EFA (Litros de agua por litro de leche)	EEA (m^3 por USD de ganancia)	ESA (m^3 $empleo^{-1}$)
Leche bovina	Promedio mundial	Mekonnen y Hoekstra, 2010				1076.4		
Leche bovina	E.U.A	Mekonnen y Hoekstra, 2010				823.1		
Leche bovina	Holanda	Mekonnen y Hoekstra, 2010				546.0		
Leche bovina	China	Hoekstra, 2010				1325.6		
Leche bovina sistema especialzado	Delicias, Chihuahua	Rios, Rios y Rios, 2019		$ 4,500		4684	222.6	
Leche bovina sistema especialzado	La Laguna	Rios y Ruiz, 2019		$ 25,170		3344	39.7	
Leche bovina sistema especialzado	Parral, Chihuahua	Rios, Armendáriz y Rodríguez, 2021	0.118	$ 5,155	122.6	8494	193.984	8,154.64

Fuente: Elaboración propia, con base en la cifras reportadas por los autores

la huella hídrica de la leche, olvidando decirse que es la leche producida en el sistema industrial y que es la huella hídrica azul.

Ya en el caso de la leche bovina producida en México, Rios, Rios y Rios (2019)[25] determinaron que en el DR005 de Delicias, Chihuahua tuvo un índice de 4,684 litros de agua por litro de leche, mientras que en el DR017 de La Comarca Lagunera, de acuerdo con Rios y Ruiz (2019)[26] el índice de eficiencia física del agua (EFA) fue de 3,344 litros de agua por litro de leche, y ya en extremo muy por arriba de los promedios señalados en la columna de EFA del cuadro 7, se observa que para la leche bovina producida en Parral, Chihuahua por parte del sistema Familiar (el tecnológicamente más atrasado), de acuerdo con Rios, Armendáriz y Rodríguez (2021)[27] se dispara el indicador hasta los 8,494 litros de agua por litro de leche.

El cuadro 7 indica que solamente Rios, Armendáriz y Rodríguez (2021, *Op. Cit.*) muestran en su estudio la determinación de la PFA (productividad física del agua) de la leche, con un índice de 0.118 litros de leche por m^3 de agua, puede fácilmente obtenerse el indicador de PFA para los restantes autores señalados en el cuadro 7, mediante el inverso del indicador de la EFA (eficiencia física del agua), de esa manera, se obtendría que el promedio mundial de PFA para las leches bovinas a nivel promedio mundial, para E.U.A., Holanda y China determinados por Mekonnen y Hoekstra (2010 *Op. Cit.*), en ese orden respectivamente, serían iguales a 0.929, 1,215, 1.832 y 0.754 L m^{-3}, mientras que, para las leches bovinas de Delicias, Chihuahua y Parral, Chihuahua se tendrían indicadores de 0.213 y 0.299 L m^{-3}, con base en

---

[25] **Rios-Flores José Luis, Rios-Arredondo Becky Elizabeth, Rios-Arredondo Hebrian Efraín. 2019. *Op. Cit.*** Huellas hídricas física y económica de la leche. El caso de la leche bovina de Delicias, Chihuahua, México. Editorial Académica Española. ISBN978620-0-02518-0. Berlín, Alemania

[26] **Rios-Flores José Luis, Ruiz-Torres José. 2019.** ECONOMIC PRODUCTIVITY OF WATER IN AGRICULTURE AND DAIRY LIVESTOCK IN THE CUENCA DE DELICIAS, CHIHUAHUA, MÉXICO José Luis Ríos Flores, José Ruiz Torres. Revista CiBIyT, Ciencias Básicas, Ingeniería y Tecnología ISSN: 1870-056X. Año 15 No. 42. septiembre-diciembre 2019. Pag.46-51.

[27] **Rios- Flores., J.Luis, Armendáriz E. Sigifredo, Rodríguez M., Carlos E. 2021**. Efficacité et productivité de l´eau dans la production laitière bovins produits dans le système semi-especialisé a Parral, Chihuahua. Editions Notre Savoir. ISBN 978-620-3-31867-8. Berlín, Allemagne

las cifras de EFA determinadas por Rios, Rios y Rios (2019 *Op. Cit.*) y Rios y Ruiz (2019, *Op. Cit.*) respectivamente

En cuanto a la PEA (productividad económica del agua, medida en USD de ganancia por hectómetro cúbico de agua utilizada en la producción, abreviado como USD hm^{-3}) el, cuadro 7 muestra solamente tres casos de PEA en la leche bovina, ello se explica porque la PEA es un tema realmente nuevo y poco estudiado, en tanto se ha delimitado el estudio de la productividad del agua al ámbito físico, lo mismo sucede con la PSA (productividad social del agua, medida en empleos generados por hectómetro cúbico, abreviado como E hm^{-3}) que es un tópico relativamente nuevo. Así, se observa que la PEA fue de USD 4,500 y USD 25,270 por hm^3 para las leches bovinas de los Sistemas Especializados de Delicias, Chihuahua y La Laguna, de acuerdo con Rios, Rios y Rios (2019 *Op. Cit.)* y Rios y Ruiz (2019 *Op. Cit.*) respectivamente, mientras que, en el caso de la leche bovina producida en el Sistema Familiar en Parral, Chihuahua el índice fue de USD 5,155 hm^{-3} de acuerdo con Rios, Armendáriz y Rodríguez (2021 *Op.Cit.).*

En relación a la PSA, el cuadro 7 muestra que al uso de un hm^3 (recuérdese que un hm^3 equivale a un millón de metros cúbicos) de agua en la producción estuvo asociada la creación de 122.6 empleos equivalentes[28] , que en términos de su inverso, el índice de ESA (eficiencia social del agua usada en la producción) equivale a una eficiencia de 8,164.635 metros cúbicos de agua fue lo que se invirtió en la producción por cada empleo generado.

[28] En el capítulo de Materiales y métodos, se define que un trabajo equivalente es igual a la cantidad de jornadas de trabajo que de manera promedio, es decir, como una cantidad social promedio, una persona trabaja en un año, así, se define que el trabajo de seis jornadas por semana por cuarenta y ocho semanas al año, es decir, 288 jornadas al año, equivale a un empleo equivalente. 288 es un número hasta cierto punto arbitrario, ya que en cada país puede variar.

Por su parte, la EEA del cuadro 7 (eficiencia social del agua, medida como m^3 de agua usados en la producción necesarios para generar un dólar norteamericano de ganancia, abreviado como m^3 USD^{-1}) muestra que en la leche producida en el Sistema Familiar de Parral, Chihuahua fue necesario gastar 193.984 m^3 por cada USD de ganancia (de acuerdo con Rios, Armendáriz y Rodríguez, 2021 *Op. Cit.*), mientras que, en las leches bovinas producidas en el Sistema Especializado de La Laguna y Delicias, Chihuahua (de acurdo con Rios y Ruiz, 2019 *Op. Cit.* y Rios, Rios y Rios, 2019 *Op. Cit.*) los indicadores fueron 39.7 y 222.6 m^3 USD^{-1} respectivamente.

Debe remarcarse que las variables independientes de naturaleza económica del precio por litro de leche, costo de producción por litro de leche y paridad cambiaria, es decir la proporción de pesos mexicanos por dólar en el mercado cambiario de divisas, se suman a la larga lista de variables independientes de las cuales dependen la productividad y eficiencia del agua, de manera tal, que, a manera de ejemplo, en dos regiones productoras de leche, aunque en una de ellas se goce de una productividad física por vaca muy superior a la otra región productora de leche, basta una caída del precio de la leche o un alza en el costo de producción del litro de leche, o una devaluación, para arruinar el buen efecto de la elevada productividad física del hato, originándose así, que se destine mucha más agua en la producción para producir un dólar de ganancia, o visto como su inverso, que la cantidad de producto económico, la ganancia, disminuya por unidad volumétrica de agua. Lo contrario también es cierto, que una región lechera de baja productividad física, al tener un sobreprecio la leche que produce, traerá consigo una mayor productividad económica del agua.

IV. MATERIALES Y MÉTODOS

4.1 Localización del área de estudio

La Comarca Lagunera está integrada por las porciones sureste del Estado de Coahuila y noroeste del Estado de Durango, entre los meridianos 102o 50' y 103 40' de longitud oeste y los paralelos 25o 25' y 26o 30' de latitud norte. Clima extremoso, temperatura media anual de 22o C., precipitación promedio de 230 mm y una evaporación promedio de 2200 mm anuales. Limita al norte con las sierras Las Delicias, Tlahualilo, La Campana y de Baicuco y la gran planicie de la antigua laguna de Mayrán, al sur de las sierras de España, San Carlos y Las Noas; al este, las del Rosario, Vinagrillo y del Sarnoso y al oeste las de Bermejillo y Mapimí. su altura promedio sobre el nivel del mar es de 1.200 m s. n. m. (Figura 2). Con base en la clasificación climática de Köppen modificada por García (1973)[29], el clima de la Comarca Lagunera es de tipo desértico con escasa humedad atmosférica y precipitación pluvial promedio de 240 mm anuales; el período de lluvia comprende de mayo a septiembre donde ocurre 70% de la precipitación. La evaporación anual de 2, 600 mm y una temperatura media de 20°C (De la Cruz *et al.,* 2003)[30].

La Comarca Lagunera es una importante región geoeconómica al norte centro de México, está compuesta por quince municipios, diez de los cuales pertenecen al estado de Durango (Gómez Palacio, Lerdo, Mapimí, Nazas, Rodeo, Simón Bolívar, San Juan de Guadalupe, San Luis del Cordero, San Pedro del Gallo y Tlahualilo) y los restantes cinco municipios pertenecen al estado de Coahuila (Francisco y Madero, Matamoros, San Pedro de las Colonias, Torreón y Viesca).

---

[29] **García, E. 1973.** Modificaciones al sistema de clasificación climática de Köppen para adaptarlo a las condiciones de la república mexicana. UNAM. México DF 246p.

[30] **De La Cruz, E. Gutiérrez, E. Palomo, A. Rodríguez S. 2003**. Amplitud combinatoria y heterosis de líneas de maíz en la Comarca Lagunera. Revista fitotecnia Mexicana. 26 (4): 279-284.

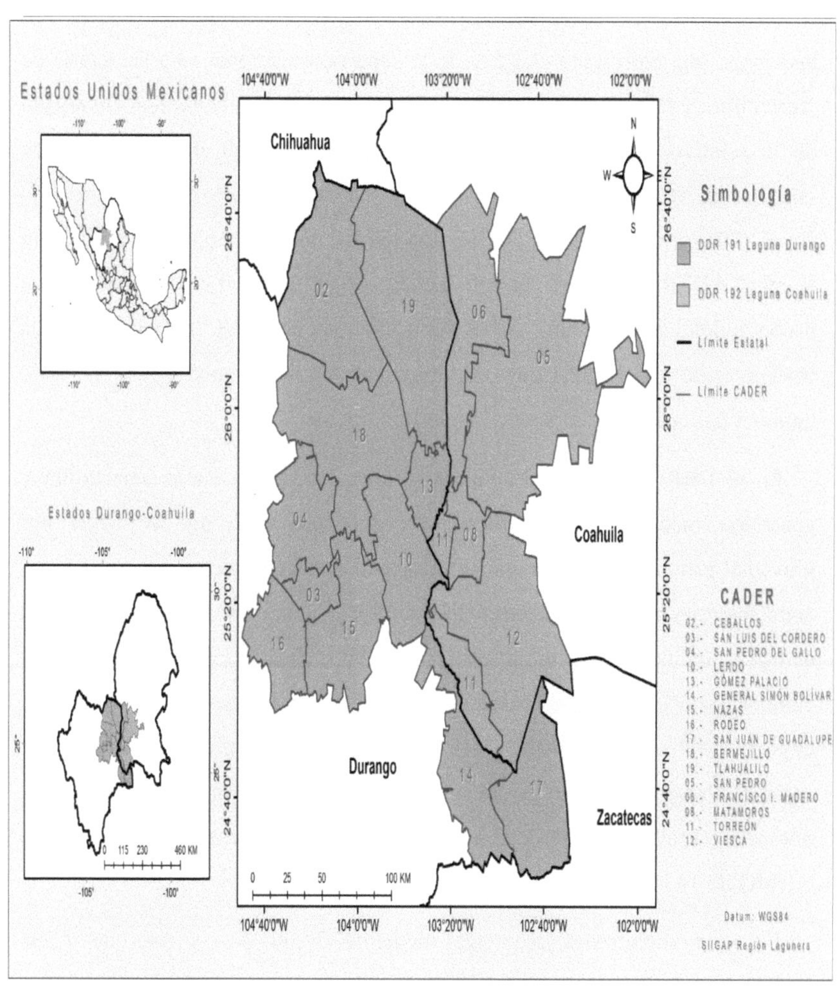

Fig. 2. Localización geográfica del DDR Laguna-Coahuila en el DR017 Comarca Lagunera. Fuente SAGARPA (2014)[31]

[31] **SAGARPA. 2014**. Anuario Estadístico de la Producción Agropecuaria. Comarca Lagunera. SAGARPA. Delegación en la Comarca Lagunera. 167p.

La Comarca Lagunera cuenta con una extensión territorial de 4´788,750 hectáreas, que representa el 2.5% de la superficie nacional. La secretaría de Agricultura y Desarrollo Rural (SADER) es la dependencia Federal encargada de lo relativo a la agricultura y ganadería, la SADER divide al país en Distritos de Riego (DR) que a su vez se dividen en Distritos de Desarrollo Rural (DDR), y éstos a su vez se dividen Centros de Apoyo al Desarrollo Rural (CADER). El ganado bovino lechero, objeto sobre el cual se estudiará la productividad del aguan, es el ubicado en el DDR Laguna-Coahuila perteneciente al DR017 Comarca Lagunera. A La Comarca Lagunera suele también llamársele simplemente como La Laguna.

En el DR017 Comarca Lagunera se abastece de agua a la agricultura y ganadería mediante agua subterránea, así como agua que se irriga por gravedad proveniente de las varias presas de almacenamiento presentes en la zona, las principales son la presa "El Palmito o Lázaro Cárdenas" con un nivel de almacenamiento máximo operativo (NAMO) de 2,863 millones de metros cúbicos (Mm^3), la segunda presa en importancia es la presa Francisco Zarco, cuyo NAMO es de 309 Mm^3 , asimismo existen otras presas más pequeñas como la Presa Los Naranjos con un NAMO de 20.9 Mm^3 , la Presa "Agua puerca" con un NAMO de 30.7 Mm^3, y finalmente la Presa "El Tigre" con un NAMO de 14 Mm^3.

El agua subterránea se irriga mediante 3,200 pozos, más de 1,266 kilómetros de canales y drenes, y otras obras complementarias que potencialmente permitirían irrigar alrededor de 248,000 hectáreas, equivalentes al 5% de la superficie total de la región. Sin embargo, un ciclo normal de riegos representa una superficie de riego en promedio anual de 87,240 ha, que demandan un volumen de 1,345 millones de metros cúbicos

(Mm3) de agua de las presas en beneficio de 33,227 usuarios de los Módulos en la jurisdicción del Distrito de Riego 017 (Saldaña, 1998)[32]; su temperatura media anual es de 21.11^0 C y cuenta con 240 mm de precipitación media anual.

Los suelos de la región, se pueden dividir en 3 grupos:

a) Suelos aluviales recientes, de perfil ligero, cuyas texturas varían de migajón arenoso a arenas. En una superficie aproximada de 75,000 ha. Estos suelos corresponden a las clases 10 20 y 30.
b) Suelos correspondientes a últimas deposiciones, arcillosos en su mayor parte y con mal drenaje. Cubren una superficie aproximada de 100,000 ha.
c) Suelos de características intermedias, entre los dos citados anteriormente, es decir, que su perfil es variable, entre arcilloso y migajón arenoso, abarcan una superficie de 192,000 ha. Estos suelos ocupan la parte central del área cultivada y por sus características fisicoquímicas se localizan los cultivos más importantes. Son ricos en fósforos, potasio, magnesio, calcio, pero pobres en nitrógeno. La materia orgánica se encuentra en bajas proporciones, sobre todo en los terrenos cultivados, están considerados de primera clase y para fines de riego.

Históricamente el cultivo principal en la Región Lagunera ha sido el algodonero. Hacia la década de los años 40´s, la mayor superficie de bombeo la cubría este cultivo, principalmente para satisfacer la demanda de fibras

---

[32] **Saldaña, M. 1998**."Disponibilidad Hidráulica y su aprovechamiento en el DDR 017". VIII Congreso Nacional de Irrigación y III Seminario Internacional de transferencia de sistema de riego". ANEI, A.C. Memorias. Comarca Lagunera.

como consecuencia del conflicto mundial. Posteriormente, se presenta la recesión económica y la caída del precio de la fibra lo que repercute en el establecimiento y cosecha del cultivo de algodón. Se origina la sustitución por cultivos alternativos que en este caso fueron los forrajes, iniciando el incremento en superficie del cultivo de la alfalfa. Actualmente la superficie por bombeo es de 78, 206 ha.

El principal cultivo en la actualidad es el de alfalfa, ya que 2 de cada 5 hectáreas sembradas actualmente son de ese forraje, el segundo en importancia es otro forraje, el maíz forrajero con 18.84% de la superficie del patrón agrícola regional, después la avena forrajera con13.74% de la superficie cosechada regional, nogal casi 5%, el algodón representa actualmente menos del 3% de la superficie del patrón agrícola, mientras que cultivos como el tomate rojo, triticale, hortalizas, avena grano, vid, fríjol y los frutales ocupan una superficie menor al 1% (SAGARPA, 2014)[33].

4.2 Metodología: Ecuaciones matemático-económicas utilizadas para estimar la productividad y eficiencia del agua usada en la producción

Se utilizaron las dos ecuaciones generales de Rios y colaboradores (2015[34], 2016[35], 2018[36]) generadas para la estimación de la productividad y eficiencia del agua usada en la producción de cultivos agrícolas:

---

[33] SAGARPA. 2014. *Op. Cit.*

[34] **Rios- Flores., J. Luis, Torres M., Miriam, Castro F., Rafael, Torres M., M.A. Ruiz T. José. 2015.** Determinación de la huella hídrica azul en los cultivos forrajeros del DR017 Comarca Lagunera, México Rev. FCA UNCUYO, 2015. 47(1): 101-122, ISSN impreso 0370-4661. ISSN (en línea) 1853-8665, pp.93-107. Mendoza, Argentina

$$\Pr oductividad = \frac{cantidad\ de\ producto\ (físico,\ económico\ o\ social)}{Unidad\ de\ volumen\ de\ agua}$$

Ecuación 1

$$Eficiencia = \frac{cantidad\ de\ agua\ usada\ en\ la\ producción}{Unidad\ de\ producto\ (físico,\ económico\ o\ social)}$$

Ecuación 2

mismas que se modificaron por Rios, Rios y Rios (2019 *Op. Cit.*) para la estimación de la huella hídrica física de la producción de leche bovina (HHFL), resultando la siguiente ecuación:

$$Y = HH_{FL} = \frac{365\left[10^{-3}X_{11}\sum_{i=1}^{n}\left(X_{12}\frac{\left(X_{15}/X_{16}\right)}{X_{14}}\right)+10^{-3}(X_{17}+2X_{18}+3X_{19})\right]+X_{5}\left[10^{-3}\left[X_{7}\sum_{i=1}^{n}\left(X_{22}\frac{\left(X_{15}/X_{16}\right)}{X_{14}}\right)+(365-X_{7})\sum_{i=1}^{n}\left[X_{25}\frac{\left(X_{15}/X_{16}\right)}{X_{14}}\right]+\frac{365}{1000}(X_{26}+X_{27})\right]\right]}{X_{4}X_{6}X_{8}}$$

Ecuación 3

En este modelo, en el numerador se estima la cantidad de metros cúbicos de agua consumidos por la vaca desde su nacimiento hasta que se le envía al rastro (en alimentos, servicio y agua bebida por la vaca), en sus dos etapas: etapa pre-productiva y la etapa productiva, mientras que en el denominador estima la cantidad de litros de leche producidos por la vaca desde su primer parto en sus períodos de lactancia en toda su vida útil.

---

[35] **Rios-Flores, José Luis, Torres M. M. y Torres M., M. A. (2016 a)**. Productividad agrícola del agua en nogal pecanero del norte de México. Casos: Comarca Lagunera y Delicias, Chihuahua. ISBN978-3-639-80166-8. Editorial Académica Española. Saarbrucken, Alemania.

[36] **Ríos-Flores, José Luis, Rios Arredondo, Becky Elizabeth, Cantú Brito, Jesús Enrique, Rios Arredodndo, Hebrián Efraín, Armendáriz Erives, Sigifredo, Chávez Rivero, José Antonio, Navarrete Molina, Cayetano & Castro Franco, Rafael. (2018)**. Análisis de la eficiencia física, económica y social del agua en espárrago (*Asparagus officinalis L.)* y uva (*Vitis* vinífera) mesa del DR-037 Altar-Pitiquito-Caborca, Sonora, México 2018. *Revista de la Facultad de Ciencias Agrarias. Universidad Nacional de Cuyo*, 50(2). ISSN impreso 0370-4661, ISSN (en línea) 1853-8665. Mendoza, Argentina.

Y de esa obra señalada, la de Rios, Rios y Rios (2019 *Op. Cit.*), *se modifica en este estudio, la ecuación 3, de manera tal que se toma para el numerador, solamente lo relativo al consumo de agua en un año productivo promedio* (igual en este caso a la suma del período de lactancia más el período de secas), mientras que en el denominador se estima la cantidad de litros de leche producidos por la vaca en su período de lactancia, es decir, no se considera la fase pre-productiva del bovino, así como tampoco el total de su vida útil, sino solamente lo que sucede en un año promedio de producción. De esa manera, las ecuaciones matemáticas que estiman la productividad y la eficiencia del agua de manera explícita, son señaladas en el cuadro 8:

Cuadro 8: Modelos simplificados de productividad y eficiencia del agua usada en la producción lácteo bovina en un año en etapa productiva

Ecuación	Expresada en:
PFA=X1/X25	litros de leche/metro cúbico
EFA=1/PFA	metros cúbicos/litro de leche
PEA=X8*X15/X25	USD de ganancia/metro cúbico
EEA=1/PEA=X25/(X8*X15)	metros cúbicos/USD de ganancia
PSA=X29/X25	Empleos/metro cúbico
ESA=1/PSA=X25/X29	metros cúbicos / empleo

Fuente: Elaboración propia con base en cuadro 9

Donde las variables ***dependientes***, es decir las variables de productividad y eficiencia del agua usada en la producción aparecen del lado izquierdo de la igualdad, mientras que del lado derecho de la igualdad están las variables independientes "X" de las que dependen, y el significado de cada ***variable***

independiente "X" aparece de manera explícita señalada en el cuadro 9, donde a su vez se observa que lo que es una variable independiente (de la cual dependen la productividad y la eficiencia del agua) es a su vez una variable dependiente de otras variables "X".

La segunda columna del cuadro 9, muestra el significado de cada una de las múltiples variables independientes de las que dependen la productividad y eficiencia del agua usada en la producción de la leche bovina.

Las ecuaciones matemáticas del cuadro 8 permiten a cualquiera que lo desee, replicar esta investigación y acondicionarla a las características específicas, por ejemplo, si se desea obtener los índices de productividad y eficiencia del agua usada en la producción lácteo bovina del sistema Familiar en Michoacán, México, o de a lechería familiar en Valencia, España (solo por decir algo), bastará conseguir los datos específicos de eses sistema como X1, X2, X3...etcétera y de esa manera se tendrán los índices deseados.

Cuadro 9 parte 1 de 2: Variables independientes (X) de las que dependen la PFA, EFA, PEA, EEA, PSA y la ESA en la producción bovina de leche en un año señaladas en el cuadro 8

Variable	Significado	Fuente
X1	Rendimiento (litros de leche) por día por vaca en bajo y alto rendimiento	SIAP-SAGDER DR017 Comarca Lagunera
X2	precio productor (MX$)/litro de leche	SIAP-SAGDER DR017 Comarca Lagunera
X3	Costo/litro de leche	Carrasco, 2022. (Consulta directa) INNOVALECHERA
X4	Paridad cambiaria	Banco de México
X5	ganancia por litro de leche (MX$)	X5=X1*X2-X3
X6	ganancia por litro de leche (USD)	X5=(X1*X2-X3)/X4
X7	ganancia por vaca por día (MX$)	X7=X1*X5
X8	ganancia por vaca por día (USD)	X8=X7/X4
X9	agua virtual consumida por vaca por día (m^3) por **ALIMENTOS (forrajes y granos)** consumidos en etapa de **LACTANCIA**	**X9=Σ(X31i *X32i)**
X10	agua virtual consumida por vaca por día (m^3) por **ALIMENTOS (forrajes y granos)** consumidos en etapa de **SECAS**	**X10=Σ(X31i *X32i)**
X11	Litros de agua ***bebidos por vaca*** por día en promedio en la vida ***productiva en LACTANCIA***.	Mekonnen y Hoekstra, 2010
X12	Litros de agua ***bebidos por vaca*** por día en promedio en la vida ***productiva en etapa de SECAS***	X12=0.7X11
X13	Litros de agua por día en promedio en la vida *productiva en* ***SERVICIOS etapa de LACTANCIA***	Mekonnen y Hoekstra, 2010
X14	Litros de agua por día en promedio en la vida *productiva en* ***SERVICIOS etapa de SECAS***	X14=0.5*X13
X15	dias del año en LACTANCIA	Carrasco, 2022. (Consulta directa) INNOVALECHERA
X16	dias del año en SECAS	X15=365-X15
X17	volumen (m^3)de agua consumida por vaca en ALIMENTOS (forrajes y granos) en toda la etapa de LACTANCIA	X17=X9*X15

Cuadro 9 parte 2 de 2: Variables independientes (X) de las que dependen la PFA, EFA, PEA, EEA, PSA y la ESA en la producción bovina de leche en un año señaladas en el cuadro 8

Variable	Significado	Fuente
X18	volumen (m^3)de agua consumida por ALIMENTOS (forrajes y granos) en toda la etapa de SECAS	X18=X10*X16
X19	volumen (m^3) de agua consumida por vaca en BEBIDA en etapa de LACTANCIA	X19=X11*X15
X20	volumen (m^3)de agua consumida por BEBIDA en etapa de SECAS	X20=(X12/1000)*X16
X21	volumen (m^3)de agua consumida por vaca en SERVICIOS en etapa de LACTANCIA	X21=(X13/1000)*X15
X22	volumen (m^3)de agua consumida por SERVICIOS en etapa de SECAS	X22=(X14/1000)*X16
X23	volumen (m^3)de agua consumida por vaca en ALIMENTOS, BEBIDA y SERVICIOS en etapa de LACTANCIA	X23=X17+X19+*X21
X24	volumen (m^3)de agua consumida por vaca en ALIMENTOS, BEBIDA y SERVICIOS en etapa de SECAS	X24=X18+X20+X22
X25	volumen (m^3)de agua consumida por ALIMENTOS, BEBIDA y SERVICIOS en etapas de LACTANCIA y SECAS en un año	X25=X23+X24
X26	Tamaño del hato (inventario) en 2022	SIAP-SADER, DR017
X27	total de empleos directos en el año en el hato lechero	Ganadería.com
X28	total de establos	Ganadería.com
X29	Empleos directos por vaca	X29=X27/X26
X30	promedio de vientres por establo	X26/X28
X31i	m^3 de agua por kg de cada i-ésimo alimento	X31i=10000(LR/EC)/Rfi
X32i	Kg consumidos por día del i-ésimo alimento (forraje, granos, concentrado, minerales...)	Depende de la dieta

Fuente: Elaboración propia, con base en los modelos de Rios, Ros y Rios (2019); X1 y X2 tienen por fuente al SIAP-SAGDER, DR017 Delegación Comarca Lagunera, el costo por litro de leche fue mediante información directa proporcionada por el MC Mario Carrasco Holguín, Gerente deL despacho de asesoría INNOVALECHERA, tambien es profesor titular de la cátedra de Bovinos de leche en la Universidad Autónoma Chapingo, quien señaló que dependiendo del tipo de productor, el costo por litro de leche oscila de MX$5.30 a MX$6.63, aunque hay productores en lo individual con costos menores o mayores a los señalados. La cantidad de empleos generados en el sector lácteo proviene de Villareal G., J. R, Aguilar V., A, Luévano G., A. 1998. El impacto socioeconómico de la ganadería lechera en la Región Lagunera. Revista Mexicana de Agronegocios. Julio-Diciembre Vol. 3. Sociedad Mexicana de Administración Agropecuaria A. C-Universidad Autónoma Agraria "Antonio Narro" Unidad Laguna. Torreón Coahuila México. Las variables X11, X12, X13 y X14 tienen por fuente al Appendix IV. Drinking and service water footprint per animal de Mekonnen, M.M. &Hoekstra A.Y. 2010. The green, blue and green water footprint of anmal products. UNESCO-IHE. Institute for Water Education. Research Report Series No. 48. Netherlands. Nota: en la X9 y X10: LRi = Lámina de riego del í-esimo cultivo forrajero (en metros); EC=Indice de eficiencia de conducción de la red hidráulica. EC tiende a 1 (sin nunca serlo) si es un sistema de riego altamente tecnificado y EC tiende a cero (sin nunca serlo) si es un sistema de riego no tecnificado. Los 10,000 son los metros cuadrados de una hectárea . En X31i RF es el rendimiento físico (en kilogramos por hectárea) del forraje dado de alimento a la vaca. El RF de alto rendimiento tiene por fuente: Rodríguez H, K., Ochoa M. E., Maldonado J. J., Torres R. C., Sánchez D. J.I. Análisis de la productividad de la lechería bovina semitecnificada/Familiar o rural en la región Lagunera de Coahuila. Memorias del XVII Congreso Nacional y V Congreso Internacional sobre Recursos Bióticos de Zonas Áridas. UAChapingo, URUZA. Octubre, 2021.

V. RESULTADOS Y DISCUSIÓN

5.1 Rendimiento, precios, costos, ganancia, empleo y uso del agua en vacas de mediano y alto rendimiento en vacas lecheras del DDR Laguna-Coahuila.

Lo que era el cuadro 9 del apartado de Materiales y Métodos, se convierte ahora en el cuadro 10 al ya registrarse en él los datos específicos de la producción de leche bovina en el DDR Laguna –Coahuila de vacas de rendimiento promedio y de vacas de alto rendimiento en el DDR Laguna-Coahuila.

El cuadro 10, en principio, muestra que se consideraron dos tipos de rendimiento físico por vaca, el primero, que podría ser considerado de bajo rendimiento, el del rendimiento promedio en el DDR Laguna-Coahuila, con 36.46 litros diarios de leche por vaca, y uno bastante alto de 65 litros de leche por vaca por día (citados siempre en ese orden). Puede observarse que aunque se esté considerando los mismos precio y costo por litro de leche, y ello origine el mismo margen de ganancia (MX$65 = USD 0.03 por litro de leche), el hecho de que se tenga diferente productividad física conlleva a una diferente ganancia por vaca del orden de USD 1.21 y USD 2.15 respectivamente para los rendimientos promedio y alto. No obstante, debe quedar claro que en realidad tanto el precio como el costo del litro de leche, en la realdad van a ser diferentes en explotaciones lecheras caracterizadas por el bajo o el alto rendimiento, pues se tendrá diferente densidad de la leche (diferente cantidad de grasa por litro) asimismo, el costo tenderá a ser más pequeño en las grandes explotaciones lecheras por cuestión de economías de escala.

Cuadro 10 parte 1 de 2: Variables independientes de las que depende la productividad y la eficiencia del agua usada en la producción lácteo bovina. Datos de SIAP SAGARPA, Delegación Comarca Lagunera para el DDR Laguna Coahuila, a diciembre de 2022

Variable	Significado	Rendimiento promedio	Alto rendimiento
X1	Rendimiento (litros de leche) por dia por vaca en bajo y alto rendimiento	36.46	65.00
X2	precio productor (MX$)/litro de leche	7.28	7.28
X3	Costo (MX$)/litro de leche	6.63	6.63
X4	Paridad cambiaria	19.65	19.65
X5	ganancia por litro de leche (MX$)	$ 0.65	$ 0.65
X6	ganancia por litro de leche (USD)	$ 0.03	$ 0.03
X7	ganancia por vaca por día (MX$)	$ 23.71	$ 42.28
X8	ganancia por vaca por día (USD)	$ 1.21	$ 2.15
X9	agua virtual consumida por vaca por día (m3) por ALIMENTOS (forrajes y granos) consumidos en etapa de LACTANCIA	89.14	89.14
X10	agua virtual consumida por vaca por día (m3) por ALIMENTOS (forrajes y granos) consumidos en etapa de SECAS	28.25	28.25
X11	Litros de agua bebidos por vaca por día en promedio en la vida productiva en LACTANCIA.	70.00	70.00
X12	Litros de agua bebidos por vaca por día en promedio en la vida productiva en etapa de SECAS	49.00	49.00
X13	Litros de agua por día en promedio en la vida productiva en SERVICIOS etapa de LACTANCIA	22.00	22.00
X14	Litros de agua por día en promedio en la vida productiva en SERVICIOS etapa de SECAS	11.00	11.00
X15	dias del año en LACTANCIA	305.00	305.00
X16	dias del año en SECAS	60.00	60.00
X17	volumen (m3)de agua consumida por vaca en ALIMENTOS (forrajes y granos) en toda la etapa de LACTANCIA	27188.34	27188.34

Cuadro 10 parte 2 de 2: Variables independientes de las que depende la productividad y la eficiencia del agua usada en la producción lácteo bovina. Datos de SIAP SAGARPA, Delegación Comarca Lagunera para el DDR Laguna Coahuila, a diciembre de 2022

Variable	Significado	Rendimiento promedio	Alto rendimiento
X18	volumen (m3)de agua consumida por ALIMENTOS (forrajes y granos) en toda la etapa de SECAS	1,695.1	1,695.1
X19	volumen (m3) de agua consumida por vaca en BEBIDA en etapa de LACTANCIA	21.35	21.35
X20	volumen (m3)de agua consumida por BEBIDA en etapa de SECAS	2.94	2.94
X21	volumen (m3)de agua consumida por vaca en SERVICIOS en etapa de LACTANCIA	6.71	6.71
X22	volumen (m3)de agua consumida por SERVICIOS en etapa de SECAS	0.66	0.66
X23	volumen (m3)de agua consumida por vaca en ALIMENTOS, BEBIDA y SERVICIOS en etapa de LACTANCIA	27,216.4	27,216.4
X24	volumen (m3)de agua consumida por vaca en ALIMENTOS, BEBIDA y SERVICIOS en etapa de SECAS	1,698.7	1,698.7
X25	volumen (m3)de agua consumida por ALIMENTOS, BEBIDA y SERVICIOS en etapas de LACTANCIA y SECAS en un año	28,915.1	28,915.1
X26	Tamaño del hato (inventario) en 2022	522,508.0	522,508.0
X27	total de empleos directos en el año en el hato lechero	16,406	16,406
X28	total de establos	380	380
X29	Empleos directos por vaca	0.0314	0.0314
X30	promedio de vientres por establo	1,375.0	1,375.0
X31i	m3 de agua por kg de cada i-ésimo alimento	ver Anexo 1	ver Anexo 1
X32i	Kg consumidos por día del i-ésimo alimento (forraje, granos, concentrado, minerales...)	ver Anexo 1	ver Anexo 1

Fuente: Elaboración propia, con base en los modelos de Rios, Ros y Rios (2019); X1 y X2 tienen por fuente al SIAP-SAGDER,DR017 Delegación Comarca Lagunera, el costo por litro de leche fue mediante información directa proporcionada por el MC Mario Carrasco Holguín, Gerente deL despacho de asesoría INNOVALECHERA, tambien es profesor titular de la cátedra de Bovinos de leche en la Universidad Autónoma Chapingo, quien señaló que dependiendo del tipo de productor, el costo por litro de leche oscila de MX$5.30 a MX$6.63, aunque hay productores en lo individual con costos menores o mayores a los señalados. La cantidad de empleos generados en el sector lácteo proviene de Villareal G., J. R, Aguilar V., A, Luévano G., A. 1998. El impacto socioeconómico de la ganadería lechera en la Región Lagunera. Revista Mexicana de Agronegocios. Julio- Diciembre Vol. 3. Sociedad Mexicana de Administración Agropecuaria A. C- Universidad Autónoma Agraria "Antonio Narro" Unidad Laguna. Torreón Coahuila México. Las variables X11, X12, X13 y X14 tienen por fuente al Appendix IV. Drinking and service water footprint per animal de Mekonnen, M.M. &Hoekstra A.Y. 2010. The green, blue and green water footprint of anmal products. UNESCO-IHE. Institute for Water Education. Research Report Series No. 48. Netherlands. Nota: en la X9 y X10: LRi = Lámina de riego del i-esimo cultivo forrajero (en metros); EC=Indice de eficiencia de conducción de la red hidráulica. EC tiende a 1 (sin nunca serlo) si es un sistema de riego altamente tecnificado y EC tiende a cero (sin nunca serlo) si es un sistema de riego no tecnificado. Los 10,000 son los metros cuadrados de una hectárea . En X31i RF es el rendimiento físico (en kilogramos por hectárea) del forraje dado de alimento a la vaca. El RF de alto rendimiento tiene por fuente: Rodríguez H, K., Ochoa M. E., Maldonado J. J., Torres R. C., Sánchez D. J.I. Análisis de la productividad de la lechería bovina semitecnificada/Familiar o rural en la región Lagunera de Coahuila. Memorias del XVII Congreso Nacional y V Congreso Internacional sobre Recursos Bióticos de Zonas Áridas. UAChapingo, URUZA. Octubre, 2021.

La parte 2 de 2 del cuadro 10 muestra que si bien el volumen estimado de agua usada en la producción láctea en un año de producción (año compuesto de los días de lactancia más los días en secas, ver la X25) fue el mismo para ambos tipos de rendimiento, y que ascendió a 28,915.1 m^3, ese volumen de agua se tradujo en diferentes cantidades de producto físico (litros de leche) y diferente cantidad de producto económico (diferentes masas de ganancia), por lo que, necesariamente, al provenir un índice de productividad y eficiencia del agua usada en la producción, de esas dos variables (ver las ecuaciones 1 y 2 del capítulo de Materiales y métodos), la de la cantidad de producto (físico, económico o social) y el volumen de agua que se usó para generar esa cantidad de producto, se traducirá en diferentes índices de productividad y eficiencia del agua usada en la producción, aunque, se tenga el mismo volumen de agua utilizado.

En lo referente a la cantidad de producto social, el cuadro 10 parte 2 de 2 muestra que se tiene el mismo índice de empleos generados por vaca en ambos tipos de rendimiento físico: 0.0314 empleos por vaca.

Las últimas dos variables del cuadro 10 parte 2 de 2, la X31 y la X32, son en extremo importantes, ya que, la primera de ellas no es otra cosa que un índice de eficiencia del agua usada en la producción del forraje que la vaca consume en su alimento, por lo que, mientras más eficiente sea el uso del agua en la producción de los forrajes (y de cualquier alimento consumido por la vaca), es decir, mientras menos agua se consuma en su producción, mayor será la eficiencia del agua usada en la producción láctea, de allí que, todo aquello que haga reducir el volumen de agua usada por kg de forraje producido y después consumido por la vaca, es en extremo importante, por ejemplo, al estar más tecnificado el sistema de riego con que se irrigan los forrajes, la eficiencia en el índice de conducción de la red hidráulica conductora del agua a la parcela, será mucho mayor que si el sistema de riego es poco tecnificado, ello, necesariamente entonces, hará que se disminuya la huella hídrica de la leche producida. El cuadro 11 señala los índices de productividad y eficiencia del agua usada en la producción de leche bovina en el DDR Laguna-Coahuila.

Cuadro 11: Productividad y eficiencia del agua utilizada en la producción lácteo bovina en el DR017 Comarca Lagunera 2021

Índices de productividad y eficiencia del agua usada en la producción de leche bovina y unidades en que está medido	a) bajo rendimiento/vaca	b) alto rendimiento/vaca	c) Modelo y sus variables independientes y dependientes	d = b/a
Productividad física del agua (PFA, en litros de leche por m^3 de agua usada en la producción)	0.385	0.686	PFA=X1*X15/X25	1.78
Eficiencia física del agua (EFA, en m^3 de agua por litro de leche)	2.600	1.459	EFA=X25/(X1*X15)	0.56
Productividad económica del agua (PEA, en USD de ganancia por m^3)	$ 0.013	$ 0.023	PEA=X1*X6/X25	1.78
Productividad económica del agua (PEA, en USD de ganancia por hm^3)	$ 12,731	$ 22,698	PEA=(X1*X6/X25)*1000	1.78
Eficiencia económica del agua (EEA, en m^3 de agua por USD de ganancia)	78.55	44.06	EEA=X25/(X8*X15)	0.56
Productividad social del agua (PSA, en Empleos directos por m^3)	0.000001086	0.000001086	PSA=X29/X25	1.00
Productividad social del agua (PSA, en Empleos directos por hm^3)	1.086	1.09	PSA=X29/(X25/1000000)	1.00
Eficiencia social del agua (ESA, en m^3 de agua por empleo directo)	920,905	920,905	ESA=X25/X29	1.00

Fuente: Elaboración propia, con base en las cifras del cuadro 10

De esa fuente, el cuadro 11, puede observarse que la PFA fue de 0.385 y 0.686 litros de leche por m^3 de agua respectivamente para los vientres de rendimiento promedio y los vientres de alto rendimiento en el DDR Laguna-Coahuila, de lo que se deduce que una vaca de alto rendimiento es capaz de producir hasta un 78% más leche por m^3 de agua utilizada en la producción que un vientre de bajo rendimiento, de ahí que, aunque aún antes de este análisis eso ya resultaba obvio, ahora, con cifras, se demuestra lo importante que es para la disponibilidad del agua en el largo plazo, que el uso del agua en el sector lácteo deba tecnificarse, en todos sus aspectos, pero principalmente en su aspecto de producción de forrajes, que debe tecnificarse en cuanto al sistema de riego con que se lo produzca, en aras de disminuir el consumo de agua por parte de los forrajes con que se alimenta el ganado, asimismo, y no menos importante, es el manejo adecuado del sistema productivo, del hato, de la dieta y de la administración del predio lechero, pues de esa manera se disminuirá el consumo de agua por litro de leche producido.

En su forma de índice de eficiencia física del agua usada en la producción (la EFA), el cuadro 11 señala los índices de la EFA fueron iguales a 2.600 y 1.459 m^3 $litro^{-1}$, es decir, producir un litro de leche bovina implicó gastar 2,600 y 1,459 litros de agua en la producción, encontrándose que los vientres de alto rendimiento usaron solamente el 56% del volumen de agua que usaron los vientres de rendimiento promedio para producir un litro de leche.

El cuadro 11 muestra dos unidades diferentes de medida de la PEA (productividad económica del agua), la muestra bajo las unidades de USD de ganancia por metro cúbico de agua así como USD de ganancia por hectómetro cúbico de agua[37], señalaremos solamente el segundo tipo, ya que la primer forma de expresar la PEA es de mayor dificultad de comprensión, amén de ser más inexacta por el número de dígitos que se usan. Así, se observa que en los vientres de bajo rendimiento, la PEA fue igual a en USD 12,731 hm^{-3}, mientras que las vacas de alto rendimiento tuvieron una PEA 78% mayor, igual a USD 22,698 hm^3.

Del párrafo anterior puede fácilmente deducirse que, todo aquello que eleve las ganancias en la producción lechera, *cēterīs paribus*[38] el volumen de agua usado en la producción, implicará elevar la productividad económica del agua, y cuáles son las variables deben elevarse para manipular para elevar la PEA? , habría que regresar al cuadro 10 parte 1 de 2, serían las X1 a X4, es decir, el rendimiento físico por vaca (X!) y el precio por litro de leche (X2) en definitiva deben de elevarse lo más posible, la X1 mediante investigación y buen manejo del predio, el costo por litro (la X3) , debe de ser lo menor posible, algo fácil de decir pero muy difícil de lograr, no obstante, para eso está el ingeniero zootecnista, específicamente para cuando éste vea que el precio de algún forraje está subiendo, deberá sustituirlo en la cantidad adecuada en la dieta por otro forraje de menor costo, finalmente, la cuarta variable, la X4, es decir la paridad cambiaria; si manipular X1, X2 y X3 es difícil, la X4 es prácticamente imposible su manipulación, ya que es una variable completamente exógena a la producción láctea, pero que incide de manera directa en ésta, no obstante, X2, X3 y X4 pueden manipularse en cierta

[37] Recuérdese que un hectómetro cúbico, hm^3, es igual a un millón de metros cúbicos. El hm^3 es la unidad de medida más usual en los grandes embalses de agua.
[38] *cēterīs paribus* se emplea mucho para facilitar la aplicación de modelos abstractos, constituye un elemento fundamental del análisis económico. Significa "manteniendo constante todo lo demás"

forma, si el productor está asociado a otros mediante las figura jurídica de las cooperativas de compra de insumos.

Los índices de la EEA (eficiencia económica del agua, en m^3 de agua por cada USD de ganancia producido) del cuadro 11 señalan que fueron necesarios 78.55 y 44.06 m^3 de agua usada en la producción para poder producir un dólar norteamericano de ganancia, es decir, en el caso de las vacas de alto rendimiento se usó el 56% del total de agua que se usó en las vacas de bajo rendimiento para producir un dólar de ganancia. En el párrafo antecedente se analiza desde la perspectiva optimista lo que debe hacerse para elevar la PEA, no obstante, lo contrario, es decir, la perspectiva pesimista (que es la más usual en la vida real de los productores de leche), es decir, que sucede cuando se descuida la producción y se cae el rendimiento físico de las vacas?, o bien, cuando es bajo el precio de la leche, o bien cuando se elevan los costos de producción del litro de leche?, la respuesta es simple: disminuye la eficiencia económica del agua, por ejemplo, y a manera de escenario, al sustituir en el cuadro 10 el precio por litro de leche en el ganado de alto rendimiento, considerando un descenso de 28 centavos, y que el nuevo precio es de MX$7 por litro, ello inmediatamente afectaría la PEA , ya que desde 22,698 USD de ganancia por hm^3 le bajaría hasta USD12,913 hm^3, o bien, si se elevó el costo del litro de leche desde MX$6.63 hasta MX$ 6.90 por litro, la PEA bajaría hasta USD 13,275 hm^{-3} y la EEA disminuiría ya que se incrementarían los metros cúbicos de agua necesarios para producir un dólar de ganancia, desde 44.06 hasta 75.33. respecto de la paridad cambiaria, bastaría una pequeña devaluación del peso frente al dólar, digamos que de MX$19.6458 pasa a MX$22 por dólar, ello se reflejaría en un índice de PEA de USD 20,269 (bajándole desde los USD 22,698 actuales) y un índice de EEA de 49.34 m^3 por dólar (subiéndole desde los 44.06 m^3 actuales), es decir, una pequeña devaluación implicaría gastar más agua para producir la misma masa de ganancia, más aún, una devaluación implica roer las bases de la sostenibilidad económica de los recursos escasos, como lo es en este caso, el agua.

Lo mismo que en la PEA, en la productividad social del agua, la PSA, el cuadro 11 le evalúa en dos unidades de medida diferentes, la primera como empleos directos por metro cúbico, y la segunda como empleos directos por hectómetro cúbico, el lector podrá percatarse que la primera de ellas genera un indicador de difícil lectura, por la cantidad de decimales, no así la segunda forma de medir la PSA, de fácil lectura. Así, se observa que en ambos tipos de rendimiento, el bajo y el alto, se genera el mismo indicador: 1.086 empleos por hectómetro cúbico, la razón de ello es que en el cuadro 10 aparece el mismo valor en X29 (empleos directos por vaca) y ello es debido a que las dos variables de las que depende la X27, la X26 (tamaño del hato) y la X27 (total de empleos en la región) no están diferenciadas, por su naturaleza, para las vacas de bajo y las de alto rendimiento.

5.2 Discusión: Contraste de los resultados determinados en este estudio versus otros estudios sobre productividad del agua en el sector lácteo bovino

El cuadro 12 muestra la comparación porcentual entre los índices de productividad y eficiencia del agua usada en la producción de leche bovina en el DDR Laguna-Coahuila en contra de otros indicadores de productividad y eficiencia del agua utilizada en la producción también de leche bovina en otras partes del mundo y en algunas locaciones de México.

Cuadro 12: Discusión: contraste de los resultados determnados en contra de otros indices de Productividad y eficiencia del agua usada en la producción de leche bovina determinada por otros autores.

Producto	locación	Fuente	PFA (litros de leche por m^3)	PEA (USD hm^{-3})	PSA (Empleos hm^{-3})	EFA (Litros de agua por litro de leche)	EEA (m^3 por USD de ganancia)	ESA (m^3 $empleo^{-1}$)
BAR-DDR LC	DDR LC	Esta obra	0.686	$ 22,698	1.09	1,459	44.06	920,905
BAR-DDR LC = 100%	DDR LC	Esta obra	**100%**	**100%**	**100%**	**100%**	**100%**	**100%**
BBR-DDR LC	DDR LC	Esta obra	56%	56%	100%	178%	178%	100%
Leche bovina	Promedio mundial	Mekonnen y Hoekstra, 2010	136%			74%		
Leche bovina	E.U.A	Mekonnen y Hoekstra, 2010	177%			56%		
Leche bovina	Holanda	Mekonnen y Hoekstra, 2010	267%			37%		
Leche bovina	China	Mekonnen y Hoekstra, 2010	110%			91%		
Leche bovina SE	Delicias, Chihuahua	Rios, Rios y Rios, 2019	31%	20%		321%	505%	
Leche bovina SE	La Laguna	Rios y Ruiz, 2019	44%	111%		229%	111%	
Leche bovina SS[illegible]	Parral, Chihuahua	Rios, Armendáriz y Rodríguez, 2021	17%	23%	11290%	582%	440%	11293%

Fuente: Elaboración propia, con base en la cfras reportadas por los autores y el cuadro 11. Cifras en color verde indican una mayor productividad o eficiencia del agua usada en la producción por los bovinos lecheros del DDR Laguna Coahuila en relación a lo reportado por cada autor en la fuente señalada. BAR DDR LC = Bovinos de Alto Rendimiento del DDR Laguna Coahuila; BBR DDR LC= Bovinos de Bajo Rendimiento del DDR Laguna Coahuila. ; SE=Sistema Especializado; SSE=Sistema Semi-Especializado

La productividad y eficiencia del agua utilizada en la producción hasta el momento se ha restringido casi en su totalidad al ámbito físico, es decir, el cálculo de indicadores que señalan cuánta agua se usa por unidad de determinado producto (en el caso de índices de eficiencia, como lo es la huella hídrica reportada por Mekonnen y Hoekstra, 2010 señaladas en el cuadro 12 como porcentaje en relación a las cifras determinadas en este trabajo) o bien, indicando cuanto producto físico, como kilogramos, son producidos por metro cúbico de agua, mientras que los índices de productividad y eficiencia económico-social, como aquellos que miden cuanta ganancia se produce por metro cúbico de agua, o cuantos metros cúbicos se necesitan para producir una unidad monetaria de ganancia, así como índices de naturaleza social, que indiquen cuantos empleos generados se asocian al uso de un determinado volumen de agua, o cuantos metros cúbicos se usaron por cada empleo generado en el predio agrícola o en este caso la explotación ganadera.

Ello se debe, así lo creemos, a que en sí, el concepto de productividad y eficiencia del agua usada en la producción, es demasiado reciente, a inicios de este tercer milenio, se atribuye su creación a Mekonnen y Hoekstra[39] [40], Chapagaine[41], Kijne y Molden[42], y Aldaya[43], investigadores la mayoría de ellos, de la Universidad de Netherland, en Holanda, salvo los dos últimos.

---

[39] **Mekonnen MM, Hoekstra AY. 2010**. The green, blue and grey water footprint of farm animals and animal products. 2010. Value of Water Research Report Series No. 48 2010, UNESCO-IHE, Delft, the Netherlands.

[40] **Hoekstra AY .2003**. Virtual Water Trade: Proceedings of the International Expert Meeting on Virtual Water Trade. Delft. The Netherlands. 12 and 13 December 2002. Value of Water Research Report Series No. 12 UNESCO-IHE. Delft. The Netherlands. www.waterfootprint.org/Reports/Report12.pdf.

[41] **Chapagain AK y Hoekstra AY. 2013**. Virtual Water Flows between Nations in Relation to Trade in Livestock and Livestock Products. Value of Water Research Report Series no. 13. UNESCO-IHE. Delft. The Netherlands.

Iniciando por la columna relativa a la EFA, dado que en ella se registraron las cifras reportadas por los padres de la huella hídrica, Mekonnen y Hoekstra (2010 *Op. Cit.*) El cuadro 12 muestra que con un índice de 1459 litros de agua por litro de leche, el DDR Laguna-Coahuila es coherente con el índice promedio mundial de 1076.4 Litros de agua por litro de leche, ya que este último es el 74% del índice del DDR Laguna-Coahuila, pero se encuentra más distante de los índices de EFA de la leche producida en E:U.A, ya que con 823.1 litros de agua por litro de leche equivale al 56% la del DDR Laguna-Coahuila, y más distante aún se encuentra de la EFA de la leche Holandesa, ya que ahí, con 546 litros de agua por litro de leche se demanda apenas el 37% del volumen de agua usada en el DDR Laguna-Coahuila, observándose que donde hay una mayor coincidencia es con la leche bovina producida en China, ya que, tal como reportaron para el promedio mundial, E.U.A. y Holanda, Mekonnen y Hoekstra (2010 *Op. Cit.*) obtuvieron un índice de 1325.6 litros de agua por litro de leche, habiendo una coincidencia del 91%, lo cual podría en cierto sentido sugerir que, lo mismo que en China, en el DDR Laguna-Coahuila existe la necesidad de tecnificar aún más la producción, de forrajes sobre todo, así como el manejo del hato lechero, tanto el que está en producción, como el que se encuentra en etapa pre-productiva y en etapa de secas.

---

[42] **Kijne JW, Barker R, Molden D. 2003**. Water productivity in agriculture: Limits and Opportunities for Improvement. CABI Publication 2003, Wallingford UK. 332p.

[43] **Salmoral, G., Dumont A., Aldaya M.M., Rodríguez-Casado R., Garrido A., Llamas M.R. 2011.** Análisis de la huella hídrica extendida de la cuenca del Guadalquivir. Fundación Botín. Observatorio del agua número 3. Disponible en: https://www.researchgate.net/profile/Gloria-Salmoral/publication/237045729_Analisis_de_la_huella_hidrica_extendida_de_la_cuenca_del_Guadalquivir/links/00b7d51afc304b8968000000/Analisis-de-la-huella-hidrica-extendida-de-la-cuenca-del-Guadalquivir.pdf
.

Observándose en el cuadro 12, qué en relación a las leches producidas en Delicias, La Laguna en general (es decir, tanto la porción del estado de Coahuila como la porción del estado de Durango) y Parral, se observa una notoria disparidad, siendo la leche producida por el Sistema Familiar de Parral, Chihuahua determinada por Rios, Armendáriz y Rodríguez (2021 *Op. Cit.)* la que más se dispara, con 8494 litros de agua por litro de leche, 482% arriba del índice del DDR Laguna-Coahuila, debe remarcarse que en La Laguna el sistema Especializado es el predominante, no así en Parral, donde la producción de leche es eminentemente producida por un sistema campesino-familiar, y de acuerdo con el cuadro 2, donde se destacan las diferencias entre los diferentes sistemas productores de leche en México, el Sistema Familiar es mucho menos tecnificado que el Sistema Especializado, de ahí, consideramos, se tiene el porqué de tan notoria diferencia entre el Sistema Especializado y el Sistema Familiar en la cantidad de agua usada en la producción por litro de leche.

Del cuadro 12 puede observarse en la columna de PFA, que con 0.686 litros de leche por m^3 de agua usada en la producción, la leche bovina del DDR Laguna-Coahuila tuvo un uso más productivo del agua en términos físicos que la leche bovina producida por los bovinos de bajo rendimiento de ahí del mismo DDR, pues esos bovinos de bajo rendimiento produjeron solamente 56% del volumen de leche producido por metro cúbico en el DDR Laguna-Coahuila, así como de las leches bovinas de Delicias (Rios, Rios y Rios, 2019 *Op. Cit)*, la del ganado bovino especializado promedio en todo el DR017 Comarca Lagunera (Rios y Ruiz, 2019 *Op. Cit.*) y la de Parral, Chihuahua (Rios, Armendáriz y Rodriguez, 2021 *Op. Cit)*, en tanto estas tres últimas locaciones, al usar el mismo volumen de agua usado en el

DDR Laguna-Coahuila, un metro cúbico, produjeron, respectivamente el 31, 44 y 17% el volumen de leche producido en el DDR Laguna-Coahuila.

En lo referente a la PEA, expresada en USD de ganancia por hm^3, el cuadro 12 señala que con una ganancia de USD 22,698 por hm^3 de agua usada en la producción en el DDR Laguna-Coahuila, se tuvo una PEA mayor a la de los bovinos lecheros de bajo rendimiento del mismo DDR, ya que éstos últimos tuvieron un índice igual al 56% del índice de referencia, asimismo, la leche de Delicias, Chihuahua con un índice porcentual del 20% y la leche de Parral, Chihuahua con un índice porcentual del 23%, señalan que en estas dos localidades, cuando se usó el mismo volumen de agua (un hm^3) que produjo la ganancia de USD 22,698 en el DDR Laguna-Coahuila, produjeron una masa de ganancia equivalente a solo el 20 y el 23% respectivamente.

En cuanto a la PSA del cuadro 12, medida en la forma de empleos generados por hectómetro cúbico de agua usada en la producción, es decir Empleos hm^{-3}, el DDR Laguna-Coahuila, con un índice de 1.09 empleos hm^{-3}, tuvo una muy baja productividad social, al menos cuando se le contrasta en contra de la única fuente que le reportó (Rios, Armendáriz y Rodríguez, 2021 *Op. Cit.*), la del ganado bovino lechero del Sistema Familiar del Parral, Chihuahua, donde se generan 122.6 empleos por hm^{-3}, lo cual pone de manifiesto la notoria diferencia entre los sistemas especializado y el familiar en cuanto a la generación de empleo, lo que resulta coherente, dado que en el sistema familiar se privilegia el uso de mano de obra, familiar precisamente, y no el uso de tecnología automatizada como en el caso de las grandes explotaciones lecheras del Sistema especializado del DDR Laguna-Coahuila.

La columna de EEA del cuadro 12, medida con las unidades de metros cúbicos de agua usados en la producción por cada dólar norteamericano de ganancia generado, es decir, m^3 USD^{-1}, muestra que con 44.06 m^3 USD^{-1}, fue más eficiente al usar el agua en la producción que el ganado bovino lechero de bajo rendimiento del mismo DDR Laguna-Coahuila ya que ese ganado demandó 78.55 m^3 USD^{-1}, es decir, requirió 78% más agua que el ganado lechero de alto rendimiento, así como del ganado lechero de Delicias, Chihuahua (Rios, Rios y Rios, 2019 *Op. Cit.*), el ganado lechero promedio de todo el DR017 Comarca Lagunera (Rios y Ruiz, 2019 *Op. Cit.*) y el de Parral, Chihuahua (Rios, Armendáriz y Rodriguez, 2021 *Op. Cit.*), ya que en estas tres últimas localidades, para producir el mismo dólar de ganancia, que demandó 44.06 m^3 de agua en el DDR Laguna-Coahuila, demandaron respectivamente, 405, 11 y 330% más agua (los índices porcentuales fueron 505%, 111% y 430% respectivamente).

El volumen de agua asociado a la generación de un empleo anual permanente reportado en el cuadro 12 para ganado bovino lechero del DDR Laguna-Coahuila, del orden de 920,905 m^3 $empleo^{-1}$, fue con mucho, muy superior al reportado por Rios, Armendáriz y Rodríguez (2021 *Op. Cit.*) de 8,154.6 m^3 $empleo^{-1}$ para el ganado del Sistema Familiar productor de leche bovina de Parral, Chihuahua, la exponencial diferencia, consideramos, obedece a dos causas, la primera es que, en el Sistema Familiar se usa poca agua virtual en la producción de los forrajes dados como alimento, en tanto este ganado suele ser pastoreado en el campo donde come de la vegetación nativa, y en los corrales solamente se le complemente en poco la alimentación, la segunda causa es en realidad la misma anterior, es decir, consideramos que en realidad los 8,154.6 m^3

empleo^{-1} de Parral, es un índice subestimado, ya que, se consideró solamente el alimento complementario dado al ganado en el corral, más no el agua que usaron en su crecimiento los pastos y plantas arbustivas silvestres consumidas por el ganado en el campo, por lo que el volumen de agua estimado en la producción es en realidad subestimado, asimismo, como parte de esta segunda causa, es que, como ya se señaló, el ganado el Sistema Familiar demanda mucha mano de obra y toda ella es en su totalidad de naturaleza familiar, nos explicamos desde la perspectiva de la ecuación dos señalada en Materiales y métodos::

$$Eficiencia = \frac{cantidad\ de\ agua\ usada\ en\ la\ producción}{Unidad\ de\ producto\ (físico,\ económico\ o\ social)}$$

En tanto el índice de eficiencia es un cociente, sí el numerador (el volumen de agua) es "pequeño" (por lo que ya se señaló de su subestimación) mientras que el denominador (la cantidad de empleos generados) es "grande" (por lo que ya se señaló), necesariamente, entonces, el índice resultante, será "pequeño", como lo fue para la leche del Sistema Familiar reportado para Parral, Chihuahua.

Solamente para tener la referencia de cuan productiva o eficiente puede ser al agua usada en la producción agrícola, que no ganadera, baste contrastar la PFA, PEA y PSA del ganado bovino lechero en contra de algunos productos agrícolas de exportación como el espárrago y la uva de mesa, producidos en Caborca, Sonora, así como el olivo producido en España, véase el cuadro 13.

Cuadro 13: Disusión: Contraste de la productividad del agua en la producción de leche del DDR Laguna-Coahuila y algunos productos agrícolas

Variable	Leche DDR Laguna-Coahuila	Espárrago	Uva de mesa	Olivo español	Todo el sector agrícola DR005 Delicias, Chihuahua	bovino lechero DR005 Delicias, Chihuahua
PFA (litros de leche/ m³)	0.686					
PFA (kg / m³)	0.709	0.48	1.6	0.39		
PEA (USD hm^{-3})	$ 22,698	$ 540,924	$ 945,190	0.97 Euros	USD 0.119	USD 0.020196
PSA (empleos hm^{-3})	1.09	48.6	10.7			

Fuente: Elaboración propia con base en el cuadro 11 y en cifras de Rios *et al. 2018* para el espárrago y la uva del DR037 Caborca, Sonora, México y de Montesinos *et al. (2011)* para el olivo de España. Se consideró una densidad de 1.034 kg por litro de leche en el cálculo de la PFA en kg de leche por m³.Para todo el conjunto de cultivos y los bovinos lecheros de Delicias, Chihuahua son cifras de Rios y Ruiz, 2019 (*Op. Cit).* Para la conversión de la PEA del olivo español, reportada en Euros por metro cúbico, se consideró la paridad cambiaria euro-USD al día 3 de eenero de 2023 de Investing.com, disponible en: https://mx.investing.com/currencies/eur-usd

Este cuadro 13 muestra que el índice de PFA (estandarizado a kg m^{-3}) de la leche del DDR Laguna –Coahuila, lo mismo que el cultivo de espárrago, quedan intermedios a los extremos de PFA de los índices de 0.39 y 1.6 kg m^{-3} del olivo español y la uva de mesa de Caborca, Sonora, asimismo, en cuanto a la PEA, la leche bovina del DDR Laguna-Coahuila es en extremo baja en relación a la PEA de los cultivos agrícolas señalados de espárrago (USD 540,924 hm^{-3}), uva mesa (USD 945,190 hm^{-3}) y olivo español (0.97€ por m^3

=USD 1´024,999 hm^{-3}, determinado por Montesinos *et al. 2011*[44]), lo cual es coherente con los resultados encontrados por Rios y Ruiz (2019 *Op. Cit.*) al contrastar la PEA de toda la agricultura (USD de ganancia por hm^3) en contra de la PEA del ganado lechero (USD 20,196 de ganancia por hm^3) en el DR005 en Delicias, Chihuahua.

[44] **Montesinos, P.; Camacho, E.; Campos, B.; Rodriguez-Díaz, J. 2011**. Analysis of Virtual Irrigation Water. Application to Water Resources Management in a Mediterranean River Basin. Water Resources Management. 25 (6): 1635-1651

VI. CONCLUSIONES Y RECOMENDACIONES

6.1 Conclusiones

Se concluye que se cumplió con el objetivo de determinar la productividad y la eficiencia del agua usada en la producción de la leche bovina de los bovinos de alto y bajo rendimiento (rendimiento promedio regional) en el DDR Laguna-Coahuila, México, mediante índices numéricos en términos físicos, económicos y sociales.

Con base en los resultados arrojados en esta investigación, sustentada en el uso de ecuaciones matemático-económicas alimentadas con datos a escala comercial, no se rechaza la primera hipótesis, ya que con índices de productividad y eficiencia física de 0.686 litros de leche por m^3 de agua usada en la producción y 1.459 m^3 de agua usada en la producción por cada litro de leche producida, respectivamente para la productividad y la eficiencia física del agua, los bovinos del Sistema Especializado del DDR Laguna-Coahuila con alto rendimiento físico, superaron en productividad y eficiencia física a los bovinos de rendimiento promedio del DDR Laguna-Coahuila, cuyos índices fueron 0.385 litros de leche por m^3 de agua y 2.600 litros de agua por litro de leche respectivamente para la productividad física y eficiencia física del agua m^3 de agua usada en la producción por cada litro de leche producida.

Con base en los resultados arrojados en esta investigación, sustentada en el uso de ecuaciones matemático-económicas alimentadas con datos a escala comercial, no se rechaza la segunda hipótesis, ya que con índices de productividad y eficiencia económica de USD 22,698 de ganancia por hm^3 de agua usada en la producción y 44.06 m^3 de agua usada en la producción por cada USD de ganancia producida, respectivamente la productividad y la eficiencia económica del agua, los bovinos del Sistema Especializado con alto rendimiento físico en el DDR Laguna-Coahuila, superaron en productividad y eficiencia económica a los bovinos de rendimiento promedio del DDR Laguna-Coahuila, cuyos índices fueron USD 12,731 de ganancia por hm^3 de agua usada en la producción y 78.55 m^3 de agua usada en la producción por cada USD de ganancia producida respectivamente la productividad y la eficiencia económica del agua.

Con base en los resultados arrojados en esta investigación, sustentada en el uso de ecuaciones matemático-económicas alimentadas con datos a escala comercial, no se acepta la tercera hipótesis, ya que ambos bovinos productores de leche, los de alto y mediano rendimiento físico, tuvieron el mismo índice de productividad social y eficiencia social del agua usada en la producción, iguales a 1.089 empleos por hm^3 de agua usada en la producción y 920,905 m^3 de agua usada en la producción por cada empleo generado respectivamente para la productividad y la eficiencia social del agua.

6.2Recomendaciones

Si el ser humano desea permanecer sin extinguirse en el planeta, es necesario que aquellas instituciones encargadas de asignar el muy escaso recurso agua entre las muy variadas actividades humanas que usan ese recurso hídrico, basen su decisión de asignación del agua, hacia aquellas actividades donde se tengan la mayor eficiencia y la mayor productividad del agua usada en la producción, esto es, donde tanto en su forma ***física*** (m^3 por kg, como kg por m^3, en sentido estricto esto es la huella hídrica física), como ***económica*** (m^3 por unidad monetaria, como unidad monetaria por m^3) así como en su forma ***social*** (m^3 por empleo generado, como empleos generados por hm^3), se use la menor cantidad de agua, o lo que es lo mismo, se genere más producto por unidad volumétrica de agua utilizada, y de esta manera dejar de incurrir en lo que hasta ahora es norma: visualizar el uso del agua como un simple medio para la obtención de las máximas ganancias, sin importar la huella hídrica física ni la productividad y eficiencia social del agua. Lo anterior es por el hecho de que la sostenibilidad de los recursos en el largo plazo debe abarcar el ámbito ecológico, el económico y el social. La actividad ganadera no escapa de lo anterior, es decir, cualquier rama de producción ganadera, debe ser evaluada, en su consumo de agua, desde estas tres perspectivas de la eficiencia y la productividad del agua: el ámbito físico, el ámbito económico, así como el social

VI. LITERATURA CITADA

Alcamo J, Döll P, Henrichs T, Kaspar F, Lehner B, Rösch T, Siebert S. 2003. Development and testing of the WaterGAP 2 global model of water use and availability. Hydrological Sciences Journal 48 (3):317-337.

ASERCA. 2010. Situación actual y perspectiva de la producción de Leche de bovino en México 2010. Claridades Agropecuarias. 207: 34-43. Disponible en **http://www.infoaserca.gob.mx/claridades/revistas/207/ca207-34.pdf**

Banco de México, dólar Fix. https://www.banxico.org.mx/tipcamb/main.do?page=tip&idioma=sp

Barrera Camacho G, Sánchez Brito C. 2003. Caracterización de la cadena agroalimentaria nacional e identificación de sus demandas tecnológicas. Leche. Reporte Final Etapa III. Programa Nacional Estratégico de Necesidades de Investigación y de Transferencia de Tecnología Reporte Final Etapa III. Fundación Produce Jalisco. 2003. última consulta 8 enero. Disponible en: 2023) . https://scholar.google.com/scholar_lookup?title=+Caracterizaci%C3%B3n+de+la+cadena+agroalimentaria+nacional+e+identificaci%C3%B3n+de+sus+demandas+tecnol%C3%B3gicas.+Leche&author=Barrera+Camacho+G&author=S%C3%A1nchez+Brito+C&publication_year=2003&issue=III

CEPAL (Comisión Económica para la América Latina). 1986. Economía campesina y agricultura empresarial. (Tipología de productores del agro mexicano).Tercera edición. Siglo XXI Editores SA de CV, México

Chapagain, A.K. y Hoekstra, A.Y. (2013). Virtual water flows between nations in relation to trade in livestock and livestock products. Value of Water Research Report Series No. 13, UNESCO-IHE. Delft, The Netherlands

De La Cruz, E. Gutiérrez, E. Palomo, A. Rodríguez S. 2003. Amplitud combinatoria y heterosis de líneas de maíz en la Comarca Lagunera. Revista fitotecnia Mexicana. 26 (4): 279-284.

FAO-FEPALE. 2012. Situación de la Lechería en América Latina y el Caribe en 2011. Observatorio de la Cadena Lechera. Oficina Regional de la FAO para América Latina y el Caribe, División de Producción y Sanidad Animal. Santiago de Chile 2012

FIRA- Banco de México 1997b. Diagnóstico de la Ganadería de Leche. Subdirección Regional Norte. Residencia Estatal: Comarca Lagunera. Torreón Coahuila. México.

García, E. 1973. Modificaciones al sistema de clasificación climática de Köppen para adaptarlo a las condiciones de la república mexicana. UNAM. México DF 246p

Hoekstra AY. 2012. The hidden water resource use behind meat and dairy. Animal Frontiers 2(2):3-8.

Hoekstra AY .2003. Virtual Water Trade: Proceedings of the International Expert Meeting on Virtual Water Trade. Delft. The Netherlands. 12 and 13 December 2002. Value of Water Research Report Series No. 12 UNESCO-IHE. Delft. The Netherlands. www.waterfootprint.org/Reports/Report12.pdf

Hoekstra AY .2003. Virtual Water Trade: Proceedings of the International Expert Meeting on Virtual Water Trade. Delft. The Netherlands. 12 and 13 December 2002. Value of Water Research Report Series No. 12 UNESCO-IHE. Delft. The Netherlands. www.waterfootprint.org/Reports/Report12.pdf.

Kijne JW, Barker R, Molden D. 2003. Water productivity in agriculture: Limits and Opportunities for Improvement. CABI Publication 2003, Wallingford UK. 332p.

Mekonnen MM, Hoekstra AY. 2010. The green, blue and grey water footprint of farm animals and animal products. 2010. Value of Water Research Report Series No. 48 2010, UNESCO-IHE, Delft, the Netherlands.

Mekonnen, M. y Hoekstra, A. 2011. The green, blue and grey water footprint of crops and derived crop products, Value of Water Research Report Series No. 47, UNESCO -IHE, Delft, the Netherlands. Disponible en: http://www.waterfootprint.org/Reports/Report47-WaterFootprintCrops-Vol1.pdfWaterFootprintCrops-Vol1.pdf

Montesinos, P.; Camacho, E.; Campos, B.; Rodriguez-Díaz, J. 2011. Analysis of Virtual Irrigation Water. Application to Water Resources

Management in a Mediterranean River Basin. Water Resources Management. 25 (6): 1635-1651

Panorama mundial de productos lácteos, 2023.. Disponible en: https://www.marketresearchfuture.com/reports/dairy-market-11483?utm_term=&utm_campaign=&utm_source=adwords&utm_medium=ppc&hsa_acc=2893753364&hsa_cam=19912237177&hsa_grp=148712481999&hsa_ad=659589502539&hsa_src=g&hsa_tgt=dsa-2080758263880&hsa_kw=&hsa_mt=&hsa_net=adwords&hsa_ver=3&gad_source=1

Rios-Flores José Luis, Ruiz-Torres José. 2019. ECONOMIC PRODUCTIVITY OF WATER IN AGRICULTURE AND DAIRY LIVESTOCK IN THE CUENCA DE DELICIAS, CHIHUAHUA, MÉXICO José Luis Ríos Flores, José Ruiz Torres . Revista CiBIyT, Ciencias Básicas, Ingeniería y Tecnología ISSN: 1870-056X. Año 15 No. 42. septiembre-diciembre 2019. Pag..46-51.

Rios- Flores., J.Luis, Armendáriz E. Sigifredo, Rodríguez M., Carlos E. 2021. Efficacité et productivité de l´eau dans la production laitière bovins produits dans le système semi-especialisé a Parral, Chihuahua. Editions Notre Savoir. ISBN 978-620-3-31867-8. Berlín, Allemagne

Ríos-Flores, José Luis, Rios Arredondo, Becky Elizabeth, Cantú Brito, Jesús Enrique, Rios Arredodndo, Hebrián Efraín, Armendáriz Erives, Sigifredo, Chávez Rivero, José Antonio, Navarrete Molina, Cayetano & Castro Franco, Rafael. (2018). Análisis de la eficiencia física, económica y social del agua en espárrago (*Asparagus* *officinalis L.)* y uva (*Vitis* vinífera) mesa del DR-037 Altar-Pitiquito-Caborca, Sonora, México 2018. *Revista de la Facultad de Ciencias Agrarias. Universidad Nacional de Cuyo*, 50(2). ISSN impreso 0370-4661, ISSN (en línea) 1853-8665. Mendoza, Argentina.

Rios, Armendáriz y Balderrama (2021). Impronta idrica física ed económica del latte bovino. Il caso del latte prodotto nei sistema contadino e aziendale di Sonora, Messico. EDIZIONI SAPIENZA. ISBN 978620332301-6. Berlín, Alemania

Rios-Flores J. Luis, Rios-Arredondo Becky E., Rios-Arredondo Hebrian E. 2019. Huellas hídricas física y económica de la leche. El caso de la leche bovina de Delicias, Chihuahua, Méxco. Editorial Académica Española. ISBN978620002518-0. Berlín, Alemania

Rios- Flores, J. Luis, Torres M., Miriam, Castro F., Rafael, Torres M., M.A. Ruiz T. José. 2015 Determinación de la huella hídrica azul en los cultivos forrajeros del DR017 Comarca Lagunera, México. Rev. FCA UNCUYO, 2018. 47(1): 101-122, ISSN impreso 0370-4661. ISSN (en línea) 1853-8665, pp.93-107. Mendoza, Argentina.

Rios-Flores, José Luis, Torres M. M. y Torres M., M. A. (2016ª). Productividad agrícola del agua en nogal pecanero del norte de México. Casos: Comarca Lagunera y Delicias, Chihuahua. ISBN978-3-639-80166-8. Editorial Académica Española. Saarbrucken, Alemania.

Rodríguez H, K., Ochoa M. E., Maldonado J. J., Torres R. C., Sánchez D. J.I. 2021. Análisis de la productividad de la lechería bovina semitecnificada/Familiar o rural en la región Lagunera de Coahuila.

Memorias del XVII Congreso Nacional y V Congreso Internacional sobre Recursos Bióticos de Zonas Áridas. UAChapingo, URUZA. Octubre, 2021

SAGARPA. 2014. Anuario Estadístico de la Producción Agropecuaria. Comarca Lagunera. SAGARPA. Delegación en la Comarca Lagunera. 167p.

Saldaña, M. 1998. ”Disponibilidad Hidráulica y su aprovechamiento en el DDR 017”. VIII Congreso Nacional de Irrigación y III Seminario Internacional de transferencia de sistema de riego". ANEI, A.C. Memorias. Comarca Lagunera.

Salmoral, G., Dumont A., Aldaya M.M., Rodríguez-Casado R., Garrido A., Llamas M.R. 2011. Análisis de la huella hídrica extendida de la cuenca del Guadalquivir. Fundación Botín. Observatorio del agua número 3. Disponible en: **https://www.researchgate.net/profile/Gloria-Salmoral/publication/237045729_Analisis_de_la_huella_hidrica_extendida_de_la_cuenca_del_Guadalquivir/links/00b7d51afc304b8968000000/Analisis-de-la-huella-hidrica-extendida-de-la-cuenca-del-Guadalquivir.pdf**

Scientific Comittee on Problems of the Environment (SCOPE).2010. Livestock in a Changing Landscape: Drivers, Consequences, and Responses. Volume 1. [Steinfeld H, Mooney HA, Schneider F and Neville LE. (Eds.)]. Published by Island Press 2010.

Servicio de Información Agroalimentaria y Pesquera (SIAP), 2021. con información de las Delegaciones de la SAGARPA. Disponible en: https://www.gob.mx/siap/acciones-y-programas/produccion-pecuaria

SIAP Datos Abiertos. Estadística de la producción pecuaria 2021. Disponible en:http://infosiap.siap.gob.mx/gobmx/datosAbiertos_p.php

Statista. 2022. Disponible en:
https://es.statista.com/estadisticas/600241/principales-productores-de-leche-de-vaca-en-el-mundo-en/

Vázquez-Vázquez, C., García-Hernández, J. L., Salazar-Sosa, E., Murillo-Amador, B., Orona-Castillo, I., Zúñiga-Tarango, R., ... & Preciado-Rangel, P. (2010). Rendimiento y valor nutritivo de forraje de alfalfa (Medicago sativa L.) con diferentes dosis de estiércol bovino. *Revista mexicana de ciencias pecuarias*, *1*(4), 363-372.

Villareal G., J. R, Aguilar V., A, Luévano G., A. 1998. El impacto socioeconómico de la ganadería lechera en la Región Lagunera. Revista Mexicana de Agronegocios. Julio- Diciembre Vol. 3. Sociedad Mexicana de Administración Agropecuaria A. C- Universidad Autónoma Agraria "Antonio Narro" Unidad Laguna. Torreón Coahuila México.

Anexo 1: Agua virtual por el consumo de alimentos en la producción de leche en bovinos en etapa productiva en La Laguna, México 2021

Etapa	Alimento	kg día consumidos	m^3 de agua por kg de alimento consumido	Total de m^3 de agua consumidos
Lactancia	Alfalfa heno	20.00	1.110	22.204
	Paja de Avena	4.00	1.978	7.912
	Nucleo 2010	9.00	5.500	49.500
	Maiz Rolado	1.50	3.401	5.101
	Semilla de Algodón	0.75	2.927	2.195
	Bicarbonato de Sodio	0.10	15.000	1.500
	minerales	0.00	12.000	0.000
	Hueso de algodón	0.50	1.459	0.730
	TOTAL		0.000	89.142
Secas	Alfalfa heno	10.00	1.110	11.102
	Paja de Avena	4.50	1.978	8.901
	Maiz Rolado	1.00	3.401	3.401
	Minerales	0.10	12.000	1.200
	Hueso de algodón	2.50	1.459	3.648
	TOTAL			28.251

Fuente: Elaboración propia, con base en una dieta promedio

I want morebooks!

Buy your books fast and straightforward online - at one of world's fastest growing online book stores! Environmentally sound due to Print-on-Demand technologies.

Buy your books online at
www.morebooks.shop

¡Compre sus libros rápido y directo en internet, en una de las librerías en línea con mayor crecimiento en el mundo! Producción que protege el medio ambiente a través de las tecnologías de impresión bajo demanda.

Compre sus libros online en
www.morebooks.shop

info@omniscriptum.com
www.omniscriptum.com

Printed by Books on Demand GmbH, Norderstedt / Germany